U0312620

AutoCAD 机械制图方法与实例

主　编　王　匀　陆广华　许桢英
副主编　殷劲松　张乐莹
参　编　李连波　武培军　倪文斌　李立新

机械工业出版社

本书详细介绍了 AutoCAD 2012 的基本绘图方法，包括二维绘图和三维绘图。主要内容有概述、基本概念和基本操作、绘制基本二维图形、基本绘图工具、基本编辑方法、图案填充与编辑、图块的操作、标注尺寸，标注文字和创建表格，高级绘图工具、样板文件及数据查询，机械零件绘制综合实例、机械装配图绘制综合实例、三维绘图等。主要章节不仅详细介绍了实例的绘制方法，而且章节后都配有难易不同的练习题。本书各部分内容既相互联系又相互独立，并依据学习特点精心编排，方便读者根据需要自行选择所需内容。

本书既可作为各大学本科、专科院校的参考教材，也可作为大赛培训班的基础实训材料，同时也适于广大 AutoCAD 用户自学和参考。

图书在版编目（CIP）数据

AutoCAD 机械制图方法与实例/王勹，陆广华，许桢英主编 . —北京：机械工业出版社，2013.7

ISBN 978-7-111-42793-3

Ⅰ.①A… Ⅱ.①王…②陆…③许… Ⅲ.①机械制图 – AutoCAD 软件 Ⅳ.①TH126

中国版本图书馆 CIP 数据核字（2013）第 122184 号

机械工业出版社（北京市百万庄大街 22 号 邮政编码 100037）

策划编辑：黄丽梅 责任编辑：黄丽梅 陈建平
版式设计：常天培 责任校对：张 征
封面设计：赵颖喆 责任印制：张 楠

北京玥实印刷有限公司印刷
2013 年 9 月第 1 版第 1 次印刷
169mm×239mm · 14 印张 · 285 千字
0001—4000 册
标准书号：ISBN 978-7-111-42793-3
定价：39.00 元

凡购本书，如有缺页、倒页、脱页，由本社发行部调换

电话服务　　　　　　　　　　网络服务
社服务中心：（010）88361066　　教材网：http://www.cmpedu.com
销售一部：（010）68326294　　机工官网：http://www.cmpbook.com
销售二部：（010）88379649　　机工官博：http://weibo.com/cmp1952
读者购书热线：（010）88379203
策划编辑：（010）88379770　　**封面无防伪标均为盗版**

前　言

　　本书是结合 AutoCAD 2012 的功能特点，针对机械类和近机类读者学习工程制图、机械零件绘制与装配等知识进行编写的。首先，本书对 AutoCAD 2012 的主要功能进行了阐述，并详细介绍了 AutoCAD 2012 的安装和卸载方法等。其次，在介绍 Auto-CAD 2012 基本绘图方法的基础上，结合工程制图中的具体案例，以及工程制图大赛的典型试题来培养和提高读者的基本绘图能力和绘图技巧。最后，通过典型机械零件图和装配图的讲解，巩固读者对这类知识的掌握，并介绍了绘制和编辑三维图形的方法。本书按照"熟悉 AutoCAD 2012 最新功能特点及安装→基本图形的绘制和编辑→复杂图形的绘制和编辑→尺寸标注→标注文字和创建表格→高级绘图工具、样板文件及数据查询→典型机械零件图和装配图→三维绘图"的思路及顺序，由浅入深、由易到难地讲解了如何运用 AutoCAD 2012 绘制工程图形。

　　本书实例丰富且具有代表性，在学习 AutoCAD 2012 绘图技巧的同时能够巩固和复习有关工程制图的基础知识，知识点由浅入深，在满足基本学习的基础上，又能满足学有余力的读者进一步提高自己的绘图能力。本书作者可提供书中图形的 CAD 文件，如有需要，可通过 wyun114@ gmail. com （王匀）、gh – lu@ 163. com （陆广华）与作者联系。

　　本书由王匀、陆广华、许桢英主编，殷劲松、张乐莹副主编，李连波、武培军、倪文斌、李立新等参与部分章节的编写。在本书的编写过程中还得到其他许多同志的帮助，在此一并表示感谢！

编　者

目 录

第1章 概　述

AutoCAD 是目前应用最为广泛的计算机辅助设计软件之一，用它可以精确、快速地绘制各种图形。本章主要介绍 AutoCAD 的发展史及 AutoCAD 2012 的主要功能。

1.1　AutoCAD 的发展历史

AutoCAD（Auto Computer Aided Design）是由美国 Autodesk 公司开发的通用计算机辅助绘图与设计软件，它具有易于掌握、使用方便、体系结构开放等特点，深受广大工程技术人员的欢迎。AutoCAD 自 1982 年问世以来，已经进行了数十次的升级，其功能逐渐强大且日趋完善。如今，AutoCAD 已广泛应用于机械、建筑、电子电气、航空航天、造船、化工、土木工程、管路工程、冶金、农业、气象、纺织、轻工业、地理空间信息系统等领域。在我国，AutoCAD 已成为工程设计领域中应用最为广泛的计算机辅助设计软件之一。

AutoCAD 2012 软件最显著的特点是增加了制图的可视化，将直观强大的概念设计与视觉工具结合在一起，促进了二维设计向三维设计的转换，加快了任务的执行，能满足个人用户的需求和偏好，能够更快地执行常见的 CAD 任务，更容易找到那些不常用的命令。用户可以对图形对象建立几何约束，以保证图形对象之间有准确的位置关系，如平行、垂直、相切、同心和对称等；可以建立尺寸约束，通过该约束，既可以锁定对象，使其大小保持固定，也可以通过修改尺寸值来改变所约束对象的大小。AutoCAD 2012 增强了关联阵列、命令行自动完成的功能，便于用户学习与应用。

1.2　AutoCAD 2012 的主要功能

1. 二维绘图与编辑

点、线、面是组成图形的基本元素，AutoCAD 的二维绘图部分主要是介绍点、直线、构造线、圆、圆弧等各种基本图形的绘制方法。各种绘图命令的调用主要通过菜单栏、工具栏和命令输入这三种方法来实现。AutoCAD 的二维编辑功能中的删除、复制、旋转、阵列等功能，可高效、快捷地绘制出各种复杂图形。

2. 创建表格

机械绘图中，常常需要绘制各种标题栏和明细栏，可通过插入表格样式的方式，对所需内容进行编辑。表格有横向和纵向之分，图框大小、表框内的文字的字体大小均可设置。

3. 文字标注

通过对文字的字体、大小、颜色、方向等格式进行设置，可在需要注释的位置添加文字。

4. 参数化绘图

参数化绘图的两个重要组成部分就是几何约束和尺寸约束，现在它们都已经集成在 AutoCAD 2012 中。几何约束支持在对象或关键点之间建立关联。传统的对象捕捉是暂时性的，而在 AutoCAD 2012 中，约束被永久保存在对象中，可以更加精确地实现设计意图。

5. 三维绘图与编辑

在 AutoCAD 中，三维模型有线框模型、表面模型和实体模型之分，本书主要讲解三维实体模型的绘制与编辑。该软件的主要绘图命令有多段体、长方体、圆柱体、球体、圆环体、棱锥体等，主要编辑命令有编辑三维实体模型、通过布尔运算组合实体、三维阵列、三维镜像、三维旋转与三维对齐等。

6. 视图显示控制

在使用 AutoCAD 绘图时，显示控制命令使用十分频繁。通过视图显示控制命令，可以观察绘制图形的任何细小的结构和任意复杂的整体图形；同时，通过该命令可以保存和恢复命令视图，设置多个视口，观察整体效果和细节。其主要命令有实时平移、实时缩放、窗口缩放、动态缩放和比例缩放等。

7. 各种绘图实用工具

常用的绘图实用工具有栅格显示、极轴追踪、正交模式、对象捕捉和对象追踪等。

8. 数据库管理

在 AutoCAD 软件中用到的各个部分其实都是对象，它们组成了一个数据库。AutoCAD 数据库是按一定结构组织的 AutoCAD 图形全部相关数据的集合。通过对数据库的管理能够更好地绘图。AutoCAD 数据库是用来管理当前图形中的图元实体和其他非几何信息的容器对象，一个 AutoCAD 数据库包含一套固定的符号表和命令的对象词典，每一个符号包含一个特定符号表记录类的实例。通过数据库的管理，便于用户高效、快捷地进行绘图。

9. Internet 功能

1）可在 Internet 上访问或存储 AutoCAD 图形及相关文件。

2）在多用户之间共享当前操作的图形，从 Web 站点通过拖动的方式在当前图形中插入块，或插入超链接，使其他用户也方便访问本地文件，还可以创建 Web 格式的文件（DWF），以方便用户浏览、打印 DWF 格式文件。利用 Web 向导功能，可以快速创建包含 AutoCAD 图形文件的 Web 页面。

10. 图形的输入、输出

AutoCAD 2012 提供了图形的输入与输出接口，不仅可以将其他的应用程序中处理好的数据传送给 AutoCAD，以显示其图形；还可以在 AutoCAD 中绘制好图形并打印出来，或者将信息传送给其他应用程序。

11. 图样管理

AutoCAD 的工程图样包括机械制造图、建筑图、结构图、给排水图、暖通空调图和电气图；图样的一般信息包括工程名称、图名、设计单位、设计和审核等，通过对图样的管理能够更好地为用户提供服务。

12. 开放的体系结构

整个软件的逻辑结构，包括系统框架的总体设计、各单元的分配、各单元间的高层交互等，是 CAD 开发系统中最重要的一环。AutoCAD 2012 提供了 AutoLISP（VisualLISP）、VBA 及 ObjectARX 等二次开发手段，满足了客户的个性化需求。设计者在设计制图的过程中，无论是从概念设计到草图，还是从草图到局部详图，AutoCAD 2012 都可以提供包括创建、展示、记录和构想所需的所有功能。

第 2 章 基本概念和基本操作

本章主要介绍 AutoCAD 2012 对系统配置的要求，详细阐述了系统的安装和卸载方法，经典工作界面模块功能，以及创建、打开、保存文件和视窗的缩放与平移方法。

2.1 AutoCAD 2012 对系统配置的要求

AutoCAD 2012 提供了可靠的三维自由形状设计工具以及强大的绘图和文档制作功能，因此对计算机系统的硬、软件环境有较高的要求，下面列出运行 AutoCAD 2012 时系统所需的最低硬、软件配置。

1. 32 位的 AutoCAD 2012 对系统配置的最低要求

操作系统：Windows7、Windows Vista、XPsp2。

处理器：英特尔奔腾 4、AMD Athlon 双核处理器 3.0GHz 或英特尔、AMD 的双核处理器 1.6GHz（或更高），支持 SSE2。

内存：2GB 内存。

硬盘：1.8GB 空闲磁盘空间进行安装。

显卡：1280 ×1024 真彩色视频显示器适配器，128MB 以上独立图形卡。

浏览器：微软 Internet Explorer7.0 或更高版本。

2. 64 位 AutoCAD 2012 对系统配置的最低要求

操作系统：Windows7、Windows Vista、XPsp2。

处理器：英特尔奔腾 4、AMD Athlon 双核处理器 3.0GHz 或英特尔、AMD 的双核处理器 1.6GHz（或更高），支持 SSE2。

内存：2GB 内存。

硬盘：1.8GB 空闲磁盘空间进行安装。

显卡：1280 ×1024 真彩色视频显示器适配器，128MB 以上独立图形卡。

浏览器：微软 Internet Explorer7.0 或更高版本。

2.2 AutoCAD 2012 的安装与卸载

2.2.1 中文 AutoCAD 2012 的安装

1）在 CD – ROM 驱动器中放入 AutoCAD 2012 简体中文版的安装盘，系统会自动弹出【安装初始化】进度窗口。如果没有自动弹出，双击【我的电脑】窗口中的光驱图标即可，或者双击安装光盘内的 SETUP.EXE 文件；安装初始化完成后，系统会弹出安装向导主界面，如图 2-1 所示。

图 2-1　安装主界面

2）单击【安装在此计算机上安装】，显示如图 2-2 所示的界面。点选【我接受】并单击【下一步】，显示如图 2-3 所示界面。

图 2-2　许可及服务协议　　　　　　　　　　　　图 2-3　产品信息

3）点选【单机】和【我有我的产品信息】，并键入序列号和产品密钥，如图 2-4 所示，单击【下一步】。

4）根据用户需要将软件安装在用户所设置的目标文件夹中，如图 2-5 所示。

5）安装界面如图 2-6 所示，等待其自动安装。

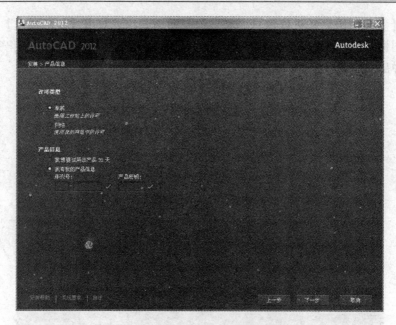

图2-4　键入序列号和产品密钥

图2-5　选择安装目录

6）安装结束后显示如图2-7所示的界面。单击【完成】。

7）重启 AutoCAD 2012，显示如图2-8所示界面，单击【激活】或【试用】后，即可使用该软件。

图 2-6　等待安装

图 2-7　完成安装

2.2.2　AutoCAD 2012 的卸载

1）单击【卸载】快捷方式，显示如图 2-9 所示界面。单击【卸载】，显示如图 2-10 所示界面，再次单击【卸载】。

2）等待卸载完成，如图 2-11 所示。

说明：AutoCAD 2012 软件以光盘的形式提供，光盘中有名为"SETUP. EXE"的安装文件，也可执行该文件，根据弹出的窗口进行选择与操作。

图 2-8　激活主界面

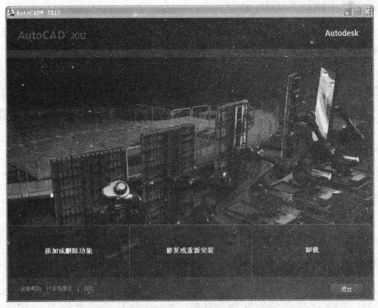

图 2-9　准备卸载

图 2-10　选择卸载

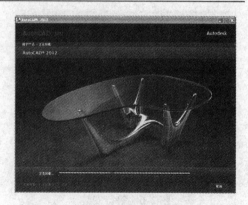
图 2-11　等待卸载完成

2.3　AutoCAD 2012 的启动与退出

　　安装 AutoCAD 2012 后，系统会自动在 Windows 桌面上生成程序启动快捷方式。双击该快捷方式，即可启动 AutoCAD 2012。与启动其他应用程序相同，也可以通过 Windows 资源管理器、Windows 任务栏按钮等方式启动 AutoCAD 2012。

　　完成对图形文件的编辑并保存后，可以关闭该图形文件。关闭图形文件的命令有如下三种调用方法：
　　➤ 选择菜单栏【文件】→【关闭】，或按 < Ctrl + F4 > 组合键。
　　➤ 单击 AutoCAD 2012 工作界面右上角按钮。
　　➤ 在命令行中执行 CLOSE 命令。

2.4　AutoCAD 2012 经典工作界面

　　AutoCAD 2012 的经典工作界面由标题栏、菜单栏、各种工具栏、绘图窗口、光标、命令窗口、状态栏、坐标系图标、模型/布局选项卡和菜单浏览器等组成，如图 2-12 所示。

　　1. 标题栏
　　标题栏与其他 Windows 应用程序类似，用于显示 AutoCAD 2012 的程序图标以及当前所操作图形文件的名称。

　　2. 菜单栏
　　菜单栏是主菜单，可利用其执行 AutoCAD 的大部分命令。单击菜单栏中的某一项，会弹出相应的菜单。

　　3. 工具栏
　　AutoCAD 2012 提供了 40 多个工具栏，每一个工具栏上均有一些形象化的按

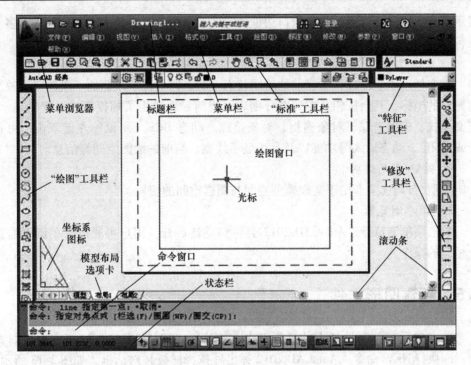

图 2-12 AutoCAD 2012 经典工作界面

钮。单击某一按钮，可以启动相应的命令。

用户可以根据需要打开或关闭任何一个工具栏。方法是：在已有工具栏上右击，AutoCAD 2012 弹出工具栏快捷菜单，通过其可实现工具栏的打开与关闭。

4. 绘图窗口

绘图窗口类似于手工绘图时的图样，它是用户用 AutoCAD 2012 绘图并显示所绘图形的区域。

5. 光标

当光标位于 AutoCAD 2012 的绘图窗口时为十字形状，所以又称其为十字光标。十字线的交点为光标的当前位置。AutoCAD 2012 的光标用于绘图、选择对象等操作。

6. 坐标系图标

坐标系图标通常位于绘图窗口的左下角，表示当前绘图所使用的坐标系的形式以及坐标方向等。AutoCAD 2012 提供有世界坐标系（World Coordinate System，简称 WCS）和用户坐标系（User Coordinate System，简称 UCS）两种坐标系。世界坐标系为默认坐标系。

7. 命令窗口

命令窗口是 AutoCAD 2012 显示用户从键盘键入的命令和显示 AutoCAD 提示信息的地方。默认状态下，AutoCAD 2012 在命令窗口保留最后三行所执行的命令或提示信息。用户可以通过拖动窗口边框的方式改变命令窗口的大小，使其显示多于三行或少于三行的信息。

8. 状态栏

状态栏用于显示或设置当前的绘图状态。状态栏上位于左侧的一组数字反映当前光标的坐标，其余按钮从左到右分别表示当前是否启用了捕捉模式、栅格显示、正交模式、极轴追踪、对象捕捉、对象追踪、动态 UCS（用鼠标左键双击，可打开或关闭）、动态输入等功能以及是否显示线宽、当前的绘图空间等信息。

9. 模型/布局选项卡

模型/布局选项卡用于实现模型空间与图样空间的切换。

10. 菜单浏览器

单击菜单浏览器，AutoCAD 2012 会将浏览器展开，用户可通过菜单浏览器执行相应的操作。

2.5 新建图形文件

单击"标准"工具栏上的【新建】 按钮，或选择【文件】→【新建】命令，即执行 NEW 命令，AutoCAD 2012 弹出【选择样板】对话框，如图 2-13 所示。通过此对话框选择相应的样板后（初学者一般选择样板文件 acadiso.dwt 即可），单击【打开】按钮，就会以相应的样板为模板建立一个新图形文件。

图 2-13 选择样板

2.6 打开原有图形文件

单击"标准"工具栏上的【打开】 按钮，或选择【文件】→【打开】命令，即执行 OPEN 命令，AutoCAD 2012 弹出与图 2-13 类似的【选择文件】对话框，可通过此对话框确定要打开的文件并打开它。

2.7　保存图形文件

单击"标准"工具栏【保存】■按钮，或选择【文件】→【保存】命令，即执行 QSAVE 命令。如果当前图形尚未命名保存过，AutoCAD 2012 会弹出【图形另存为】对话框。通过该对话框指定文件的保存位置及名称后，单击【保存】按钮，即可实现保存。如果在执行 QSAVE 命令前已对当前绘制的图形命令保存过，那么执行 QSAVE 后，AutoCAD 2012 直接以原文件名保存图形，不再要求用户指定文件的保存位置和文件名。

2.8　视窗的缩放和平移

在绘制较大的图形时，有时需要放大视图以方便绘制机械零件的细小部位，绘制完毕后又需要缩小视图查看整体效果。首先单击菜单栏上的【视图】，在【范围】命令中可选择【范围】、【窗口】、【上一个】、【实时】、【全部】、【动态】、【比例】、【居中】、【对象】、【放大】和【缩小】命令。

在绘制较大的图形时，在线条清晰的显示比例下，所有内容往往不能完全显示在绘图区中，此时可以通过平移视图来进行查看和绘制。首先单击菜单栏上的【视图】，然后单击 按钮（或在命令行中执行 PAN（P）命令），最后在绘图区中按住鼠标左键不放并拖动，便可自由移动当前图形。平移操作只是移动视图，不会对图形本身产生任何影响。

第3章 绘制基本二维图形

点、线是组成平面图形的基本元素。本章主要介绍点、圆、圆弧、多边形等对象的绘制，并通过实例介绍了如何绘制简单平面图形，为后续绘制复杂的平面图形打下良好的基础。

3.1 绘制点

点是组成图形最基本的元素，任何对象都是由多个点组成的，但在实际绘图过程中，点对象使用得并不多，它主要起标注或辅助定位功能等。在 AutoCAD 2012 中，可以通过【单点】、【多点】、【定数等分】和【定距等分】命令这 4 种方法创建点对象。

3.1.1 绘制单点和多点

AutoCAD 2012 中，在菜单中选择【绘图】→【点】→【单点】命令（POINT），可以在绘图窗口中一次指定一个点，或在【绘图】面板中单击【多点】按钮，可以在绘图窗口中一次指定多个点，直到按 <Esc> 键结束。

在绘制点时，命令提示行的 PDMODE 和 PDSIZE 两个系统变量显示了当前状态下点的样式和大小。在菜单中选择【格式】→【点样式】命令，打开【点样式】对话框，对点样式和大小进行设置，如图 3-1 所示。

3.1.2 定数等分

在 AutoCAD 2012 中，选择菜单中【绘图】→【点】→【定数等分】命令（DIVIDE），或在【功能区】选项板中选择【常用】选项卡，在【绘图】面板中单击【定数等分】按钮，都可以在指定的对

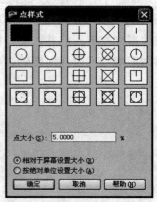

图 3-1 【点样式】对话框

象上绘制等分点或在等分点处插入块。在使用该命令时应注意以下两点。

➤ 因为输入的是等分数，而不是放置点的个数，所以如果将所选对象分成 N 份，则实际上只生成 N−1 个点。

➤ 每次只能对一个对象进行操作，而不能对一组对象进行操作。

【例 3-1】 在图 3-2 所示原始图形的基础上绘制如图 3-3 所示的等分直线图。

图 3-2　原始图形

图 3-3　等分直线

1）在菜单中选择【绘图】→【点】→【定数等分】命令（DIVIDE）。

2）在命令行的【选择要定数等分的对象:】提示下，拾取直线作为要等分的对象。

3）在命令行的【输入线段数目或［块（B)]:】提示下，输入等分段数 6，然后按 < Enter > 键，等分结果如图 3-3 所示。

3.1.3　定距等分

在 AutoCAD 2012 中，选择菜单中【绘图】→【点】→【定距等分】命令（MEASURE），或在【功能区】选项板中选择【常用】选项卡，在【绘图】面板中单击【定距等分】 按钮，都可以在指定的对象上按指定的长度绘制点或插入块。

【例 3-2】　在图 3-4 所示的原始图形中按 AB 的长度定距等分直线，效果如图 3-5 所示。

1）在命令行中输入 PDMODE，将其设置为 4，修改点的样式。

2）在【功能区】选项板中选择【常用】选项卡，在【绘图】面板中单击【定距等分】 按钮，执行 MEASURE 命令。

3）在命令行的【选择要定距等分的对象:】提示下，拾取直线。

4）在命令行的【指定线段长度或［块（B)]:】提示下，分别拾取点 A 和点 B，效果如图 3-5 所示。

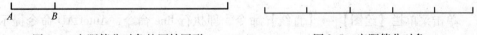

图 3-4　定距等分对象的原始图形　　　　　　　图 3-5　定距等分对象

3.2　绘制线

线条主要有直线型和曲线型两种，是机械平面图形的主要组成部分，本节主要介绍 AutoCAD 2012 中绘制直线型对象的方法，包括直线、射线和构造线的绘制。

3.2.1　绘制直线

直线是各种绘图中最常用、最简单的一类图形对象，只要指定了起点和终点即可绘制一条直线。在 AutoCAD 2012 中，可以用二维坐标（x，y）或三维坐标（x，y，z）来指定端点，也可以混合使用二维坐标和三维坐标。如果输入二维坐标，AutoCAD 2012 默认以当前的高度作为 Z 轴坐标值。

　　在菜单中选择【绘图】→【直线】命令（LINE），或在【绘图】面板中单击【直线】 ■按钮，就可以绘制直线。

　　直线的输入方式有以下四种：

　　1）相对坐标法：（@x，y）（x：水平方向长度。y：垂直方向长度）。

　　2）绝对坐标法：（x，y）。

　　3）相对极坐标法：（@ρ，α）（ρ：极轴长度。α：极轴相对 X 方向沿逆时针方向夹角）。

　　4）绝对极坐标法：（ρ<α）。

【例 3-3】　绘制如图 3-6 所示的多边形。

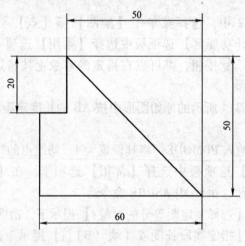

图 3-6　多边形

　　单击菜单栏【绘图】→【直线】命令，即执行 line 命令，AutoCAD 命令提示如下：

　　1）命令：_line（按<Enter>键）

　　2）LINE 指定第一点：0，0（按<Enter>键，采用的是绝对坐标法）

　　3）指定下一点或［放弃（U）］：@0，-20（按<Enter>键，采用的是相对坐标法）

　　4）指定下一点或［闭合（C）→放弃（U）］：@10<180（按<Enter>键，采用的是相对极坐标法）

　　5）指定下一点或［闭合（C）→放弃（U）］：@0，-30（按<Enter>键，采用的是相对坐标法）

　　6）指定下一点或［闭合（C）→放弃（U）］：@60，0（按<Enter>键，采用的是相对坐标法）

　　7）指定下一点或［闭合（C）→放弃（U）］：C（按<Enter>键）

3.2.2　绘制射线

射线为一端固定、另一端无限延伸的直线。在菜单中选择【绘图】→【射线】命令（RAY），或在【绘图】面板中单击【射线】按钮，指定射线的起点和通过点即可绘制一条射线。在 AutoCAD 2012 中，射线主要用于绘制辅助线。指定射线的起点后，可在【指定通过点：】提示下指定多个通过点，绘制出多条射线，直到按 <Esc> 键或 <Enter> 键退出为止。

3.2.3　绘制构造线

构造线为两端可以无限延伸的直线，没有起点和终点，可以放置在三维空间的任何位置，主要用于绘制辅助线。在菜单中选择【绘图】→【构造线】命令（XLINE），或在【绘图】面板中单击【构造线】按钮，都可绘制构造线。

【**例 3-4**】　使用【射线】和【构造线】命令，绘制如图 3-7 所示图形中的辅助线。

1）在菜单中选择【绘图】→【构造线】命令，执行 XLINE 命令。

2）在【指定点或 [水平（H）→直（V）→度（A）→等分（B）→移（O）]：】提示下输入 H，并在【指定通过点：】提示下输入坐标（100，100），绘制一条水平构造线。

3）按 <Enter> 键，结束构造线的绘制命令。再次按 <Enter> 键，重新执行 XLINE 命令。以相似的方法，绘制经过点（100，100）的垂直构造线。

4）在菜单中选择【工具】→【草图设置】命令，打开【草图设置】对话框。选择【极轴追踪】选项卡，并选中【启用极轴追踪】复选框，然后在【增量角】下拉列表框中选择 45，单击【确定】按钮，如图 3-8 所示。

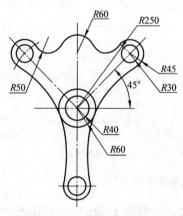

图 3-7　原始图形

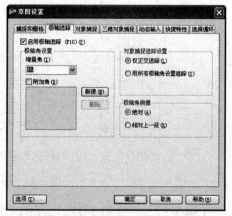

图 3-8　【草图设置】对话框

5）在菜单中选择【绘图】→【射线】命令，执行 RAY 命令，在【指定起点：】提示下输入坐标（100，100）。

6）移动光标，当角度显示为 45°时单击，绘制垂直构造线右侧的射线，如图 3-9 所示。

7）按 < Enter > 键或 < Esc > 键，结束绘图命令。

8）使用同样的方法，绘制另一条射线，如图 3-10 所示。

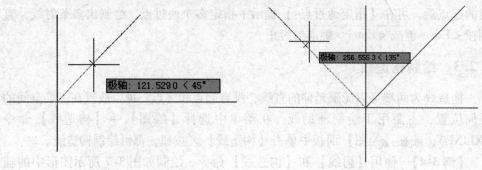

图 3-9　绘制射线　　　　　　　　图 3-10　绘制另一条射线

3.3　绘制圆

机械零件图形中用曲线表示曲面，因此复杂、高级的机械零件，其曲面也相对较多，机械设计者必须熟练掌握曲线的绘制方法。在菜单中选择【绘图】→【圆】命令中的子命令，或在【绘图】面板中单击【圆】 ⊙▾ 按钮，都可绘制圆。在 AutoCAD 2012 中，可以使用 6 种方法绘制圆，如图 3-11 所示。

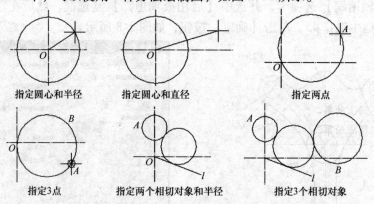

指定圆心和半径　　　　指定圆心和直径　　　　指定两点

指定3点　　　　指定两个相切对象和半径　　　　指定3个相切对象

图 3-11　圆的 6 种绘制方法

【例 3-5】　已知图 3-12a 所示的三角形，要求绘制图 3-12b 所示的图形。

选择菜单栏【绘图】→【圆】命令，即执行 CIRCLE 命令，AutoCAD 命令提示及操作步骤如下：

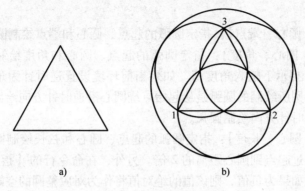

a)　　　　　　　　　　b)

图 3-12　绘制圆对象

1）命令：_ circle（按＜Enter＞键）

2）指定圆的圆心或［三点（3P）→点（2P）→切、相切、半径（T）］：2P（按＜Enter＞键，选择【两点】命令，绘制第一个圆）

3）指定圆直径的第一个端点：（选择点 1）

4）指定圆直径的第二个端点：（选择点 2）

5）命令：_ Circle（按＜Enter＞键）

6）指定圆的圆心或［三点（3P）→点（2P）→切、相切、半径（T）］：2P（按＜Enter＞键，选择【两点】命令，绘制第二个圆）

7）指定圆直径的第一个端点：（选择点 2）

8）指定圆直径的第二个端点：（选择点 3）

9）命令：_ Circle（按＜Enter＞键）

10）指定圆的圆心或［三点（3P）→点（2P）→切、相切、半径（T）］：2P（按＜Enter＞键，选择【两点】命令，绘制第三个圆）

11）指定圆直径的第一个端点：（选择点 1）

12）指定圆直径的第二个端点：（选择点 3）

13）选择【绘图】→【圆】→【相切、相切、相切】命令

14）指定圆上的第一个点：_ tan 到（选择第一个圆的切点）

15）指定圆上的第二个点：_ tan 到（选择第二个圆的切点）

16）指定圆上的第三个点：_ tan 到（选择第三个圆的切点）

3.4　绘制圆弧

在机械平面图中的圆柱或孔的部分截面及转角等通常用圆弧表示。在菜单中选择【绘图】→【圆弧】命令中的子命令，或在【绘图】面板中单击【圆弧】按钮，都可绘制圆弧。在 AutoCAD 2012 中，圆弧的绘制方法有 11 种，相应命令的功能如下：

1）【三点】：以给定的 3 个点绘制一段圆弧，需要指定圆弧的起点、通过的第二个点和端点。

2）【起点、圆心、端点】：指定圆弧的起点、圆心和端点绘制圆弧。

3）【起点、圆心、角度】：指定圆弧的起点、圆心和角度绘制圆弧。需要在【指定包含角：】提示下输入角度值。如果当前环境设置逆时针为角度方向，并输入正的角度值，则所绘制的圆弧是从起始点绕圆心沿逆时针方向绘出；如果输入负角度值，则沿顺时针方向绘制圆弧。

4）【起点、圆心、长度】：指定圆弧的起点、圆心和弦长绘制圆弧。要求所给定的弦长不得超过起点到圆心距离的 2 倍。另外，在命令行的【指定弦长：】提示下，所输入的值如果为负值，则该值的绝对值将作为对应整圆的空缺部分处圆弧的弦长。

5）【起点、端点、角度】：指定圆弧的起点、端点和角度绘制圆弧。

6）【起点、端点、方向】：指定圆弧的起点、端点和方向绘制圆弧。当命令行显示【指定圆弧的起点切向：】提示时，拖动鼠标动态地确定圆弧在起始点处的切线方向与水平方向的夹角。拖动鼠标时，AutoCAD 会在当前光标与圆弧起始点之间形成一条橡皮筋线，此橡皮筋线即代表圆弧在起始点处的切线。拖动鼠标确定圆弧在起始点处的切线方向后，单击即可得到相应的圆弧。

7）【起点、端点、半径】：指定圆弧的起点、端点和半径绘制圆弧。

8）【圆心、起点、端点】：指定圆弧的圆心、起点和端点绘制圆弧。

9）【圆心、起点、角度】：指定圆弧的圆心、起点和角度绘制圆弧。

10）【圆心、起点、长度】：指定圆弧的圆心、起点和长度绘制圆弧。

11）【继续】：选择该命令，在命令行的【指定圆弧的起点或［圆心（C）]:】提示下直接按 <Enter> 键，系统将以上一次绘制的线段或圆弧过程中确定的最后一点作为新圆弧的起点，以最后所绘线段方向或圆弧终止点处的切线方向为新圆弧在起始点处的切线方向；然后再指定一点，就可以绘制出一个圆弧。

【例 3-6】　绘制如图 3-13 所示的电铃符号。

1）启动 AutoCAD 2012，在菜单中选择【绘图】→【圆弧】→【圆心、起点和角度】命令，以点（100，100）为圆心，以点（100，90）为圆弧起点，绘制包含角为 180° 的圆弧，效果如图 3-14 所示。

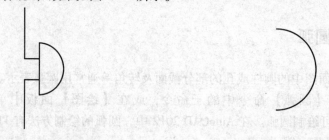

图 3-13　绘制电铃　　　　　　　　　　　　　图 3-14　绘制圆弧

2）在菜单中选择【绘图】→【直线】命令，绘制经过圆弧两个端点的直线，效果如图 3-15 所示。

3）在菜单中选择【绘图】→【直线】命令，绘制经过点（100，104）、（94，104）和（94，122）的直线，效果如图 3-16 所示。

图 3-15   绘制直线 1   图 3-16   绘制直线 2

4）在菜单中选择【绘图】→【直线】命令，绘制经过点（100，96）、（94，96）和（94，78）的直线，效果如图 3-13 所示。

3.5 绘制椭圆

椭圆的形状是由中心点、椭圆长轴和短轴三个参数来确定的，椭圆在机械基本视图绘制中应用较少，常用于正等轴测图的绘制。在菜单中选择【绘图】→【椭圆】命令，或在【绘图】面板中单击【椭圆】 按钮，都可绘制椭圆，如图3-17所示。可以选择【绘图】→【椭圆】→【中心点】命令，指定椭圆中心、一个轴的端点（主轴）以及另一个轴的半轴长度绘制椭圆；也可以选择【绘图】→【椭圆】→【轴、端点】命令，指定一个轴的两个端点（主轴）和另一个轴的半轴长度绘制椭圆。

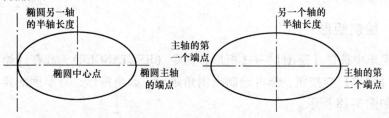

图 3-17   绘制椭圆

在 AutoCAD 2012 中，椭圆弧和椭圆的绘图命令都是 ELLIPSE，但命令行的提示不同。在菜单中选择【绘图】→【椭圆】→【椭圆弧】命令，或在【绘图】面板中单击【椭圆弧】 按钮，都可绘制椭圆弧，此时命令行的提示信息如下：

指定椭圆的轴端点或［圆弧（A）→中心点（C）］：_a
指定椭圆弧的轴端点或［中心点（C）］：

从【指定椭圆弧的轴端点或［中心点（C）］:】提示开始，后续操作为确定椭圆形状的过程，与前面介绍的绘制椭圆的过程完全相同，此处不再重复。确定椭圆形状后，将出现如下提示信息：

指定起始角度或［参数（P）］：

该命令提示中的命令功能如下：

1）【指定起始角度】：通过给定椭圆弧的起始角度来确定椭圆弧。命令行将显示【指定终止角度或［参数（P）/包含角度（I）］:】提示信息。其中，选择【指定终止角度】命令，系统要求给定椭圆弧的终止角，用于确定椭圆弧另一端点的位置；选择【包含角度】命令，系统将根据椭圆弧的包含角来确定椭圆弧；选择【参数（P）】命令，系统将通过参数确定椭圆弧另一个端点的位置。

2）【参数（P）】：通过指定的参数来确定椭圆弧。命令行将显示【指定起始参数或［角度（A）］:】提示。其中，选择【角度】命令，可切换到使用角度来确定椭圆弧的方式；如果输入参数即执行默认项，系统将使用公式 $P(n) = c + a \times \cos(n) + b \times \sin(n)$ 来计算椭圆弧的起始角，其中，n 是输入的参数，c 是椭圆弧的半焦距，a 和 b 分别是椭圆的长半轴与短半轴的轴长。

3.6　绘制矩形和正多边形

机械图样通常是由多个基本图形组合而成的，如矩形、正多边形等。虽然通过直线命令也可以绘制出矩形和正多边形，但由于这两种基本图形的使用率相当高，因此 AutoCAD 专门提供了这两类基本图形的绘制方法，以便在绘制复杂的机械图样时能提高工作效率。在 AutoCAD 2012 中，矩形及多边形的各边并非单一对象，它们构成一个单独的对象。使用 RECTANGLE 命令可以绘制矩形，使用 POLYGON 命令可以绘制多边形。

3.6.1　绘制矩形

在菜单中选择【绘图】→【矩形】命令（RECTANGLE），或在【绘图】面板中单击【矩形】▭按钮，都可绘制出倒角矩形、圆角矩形、有厚度的矩形等多种矩形，如图 3-18 所示。

绘制矩形时，命令行显示如下提示信息：

指定第一个角点或［倒角（C）→标高（E）→圆角（F）→厚度（T）→宽度（W）］：

默认情况下，通过指定两个点作为矩形的对角点来绘制矩形。当指定了矩形的第 1 个角点后，命令行显示【指定另一个角点或［面积（A）→尺寸（D）→旋转（R）］:】提示信息，这时可直接指定另一个角点来绘制矩形；或选择【面积（A）】命令，通过指定矩形的面积和长度（或宽度）绘制矩形；或选择【尺寸（D）】命令，通过指定矩形的长度、宽度和矩形另一角点的方向绘制矩形；或选择

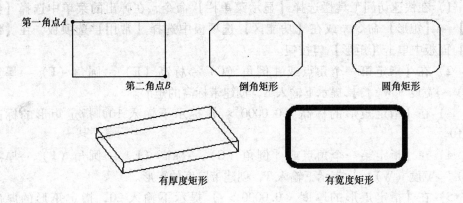

图 3-18　矩形的多种样式

【旋转（R）】命令，通过指定旋转的角度和拾取两个参考点绘制矩形。该命令提示中其他选项的功能如下：

1）【倒角（C）】：绘制带倒角的矩形，此时需要指定矩形的两个倒角距离。当设定了倒角距离后，仍返回【指定第一个角点或［倒角（C）→标高（E）→圆角（F）→厚度（T）→宽度（W）］：】提示，提示用户完成矩形绘制。

2）【标高（E）】：指定矩形所在的平面高度。默认情况下，矩形在 XY 平面内。该命令一般用于三维绘图。

3）【圆角（F）】：绘制带圆角的矩形，此时需要指定矩形的圆角半径。

4）【厚度（T）】：按已设定的厚度绘制矩形，该命令一般用于三维绘图。

5）【宽度（W）】：按已设定的线宽绘制矩形，此时需要指定矩形的线宽。

【例 3-7】　绘制一个标高为 10，厚度为 20，圆角半径为 R10，大小为 100×80 的矩形，如图 3-19 所示。

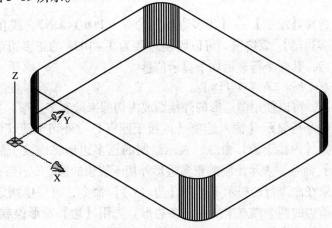

图 3-19　绘制带标高、厚度的圆角矩形

1）在快速访问工具栏选择【显示菜单栏】命令，在弹出的菜单中选择【绘图】→【矩形】命令，或在【功能区】选项板中选择【常用】选项板，在【绘图】面板中单击【矩形】▢按钮。

2）在【指定第一个角点或［倒角（C）→标高（E）→圆角（F）→厚度（T）→宽度（W）]:】提示下输入 E，创建带标高的矩形。

3）在【指定矩形的标高 < 0.0000 >:】提示下输入 10，指定矩形的标高为 10。

4）在【指定第一个角点或［倒角（C）→标高（E）→圆角（F）→厚度（T）→宽度（W）]:】提示下输入 T，创建带厚度的矩形。

5）在【指定矩形的厚度 < 0.0000 >:】提示下输入 20，指定矩形的厚度为 20。

6）在【指定第一个角点或［倒角（C）→标高（E）→圆角（F）→厚度（T）→宽度（W）]:】提示下输入 F，创建圆角矩形。

7）在【指定矩形的圆角半径 < 0.0000 >:】提示下输入 10，指定矩形的圆角半径为 $R10$。

8）在【指定第一个角点或［倒角（C）→标高（E）→圆角（F）→厚度（T）→宽度（W）]:】提示下输入（0，0），指定矩形第一个角点。

9）在【指定另一个角点或［面积（A）→寸（D）→转（R）]:】提示下输入（100，80），指定矩形的对角点。

10）在快速访问工具栏选择【显示菜单栏】命令，在弹出的菜单中选择【视图】→【三维视图】→【东南等轴测】命令，查看绘制好的三维图形，效果如图 3-19 所示。

3.6.2　绘制正多边形

在菜单中选择【绘图】→【正多边形】命令（POLYGON），或在【绘图】面板中单击【正多边形】⬠按钮，可以绘制边数为 3 ~ 1024 的正多边形。指定了正多边形的边数后，其命令行显示如下提示信息：

指定正多边形的中心点或［边（E）]:

默认情况下，可以使用多边形的外接圆或内切圆来绘制多边形。当指定多边形的中心点后，命令行显示【输入选项［内接于圆（I）/外切于圆（C）] <I >:】提示信息。选择【内接于圆】命令，表示绘制的正多边形将内接于假想的圆；选择【外切于圆】命令，表示绘制的正多边形外切于假想的圆。

此外，如果在命令行的提示下选择【边（E）】命令，可以以指定的两个点作为正多边形一条边的两个端点来绘制正多边形。采用【边】命令绘制正多边形时，AutoCAD 总是从第 1 个端点到第 2 个端点，沿当前角度方向绘制出正多边形。

【例 3-8】　绘制如图 3-20 所示的二极管符号。

1）在状态栏中单击【极轴追踪】按钮，启用【极轴追踪】功能。

2）在快速访问工具栏选择【显示菜单栏】命令，在弹出的菜单中选择【绘图】→【正多边形】命令；或在【功能区】选项板中选择【常用】选项卡，在【绘图】面板中单击【正多边形】按钮⬠，执行 POLYGON 命令。

3）在命令行的【输入边的数目 <4 >：】提示下，输入正多边形的边数 3。

4）在命令行的【指定正多边形的中心点或［边（E）]：】提示下，在屏幕上任意拾取一点作为正三角的中心点。

5）在命令行的【输入选项［内接于圆（I）→外切于圆（C）]＜I＞：】提示下，按＜Enter＞键，使用外切于圆方式绘制正三角形。

6）在命令行的【指定圆的半径：】提示下，将鼠标指针向右移动，当屏幕上显示【极轴：200 <0°】时，单击指定点，完成正三角形的绘制，如图 3-21 所示。

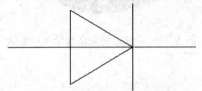

图 3-20 绘制二极管符号   图 3-21 绘制正三角形

7）在快速访问工具栏中选择【显示菜单栏】命令，在弹出的菜单中选择【绘图】→【直线】命令，以 O 点为起点，分别以点（0，20）、（0，−20）、（−60，0）和（30，0）为终点，绘制直线，效果如图 3-20 所示。

3.7 绘制圆环

圆环在机械零件设计中应用比较广泛，绘制圆环是创建填充圆环或实体填充圆的一个捷径。在 AutoCAD 2012 中，圆环实际上是由具有一定宽度的多段线封闭形成的。

在菜单中选择【绘图】→【圆环】命令（DONUT），或在【绘图】面板中单击【圆环】◎按钮，指定其内径和外径，然后通过指定不同的圆心来连续创建直径相同的多个圆环对象，直到按＜Enter＞键结束命令。如果要创建实体填充圆，应将内径值指定为 0。

【例 3-9】 在坐标原点绘制一个内径为 R10，外径为 R15 的圆环，如图 3-22 所示。

1）在快速访问工具栏选择【显示菜单栏】命令，在弹出的菜单中选择【绘图】→【圆环】命令。

2）在命令行的【指定圆环的内径 <5.000 >：】提示下输入 10，将圆环的内径设置为 10。

3）在命令行的【指定圆环的外径 <51.000 >:】提示下输入 15，将圆环的外径设置为 15。

4）在命令行的【指定圆环的中心点或 <退出 >:】提示下输入（0，0），指定圆环的圆点为坐标系原点，如图 3-22 所示。

5）按 <Enter> 键，结束圆环绘制命令。圆环与圆不同，通过拖动其夹点只能改变形状，而不能改变大小，如图 3-23 所示。

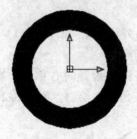

图 3-22　绘制圆环

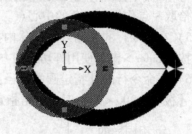

图 3-23　通过拖动夹点改变圆环形状

3.8　典型实例

本章的典型实例通过绘制如图 3-24 所示的徽章，练习多边形、圆、圆弧和圆环等对象的绘制方法。

1）在【功能区】选项板中选择【常用】选项卡，在【绘图】面板中单击【圆心、半径】⊙▾按钮，绘制一个半径为 $R200$ 的圆。

2）在【功能区】选项板中选择【常用】选项卡，在【绘图】面板中单击【正多边形】⬡按钮，绘制以圆的圆心为中心点，且内接于该圆的正六边形，如图 3-25 所示。

图 3-24　绘制徽章

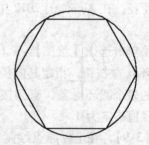

图 3-25　绘制圆和内接正六边形

3）在【功能区】选项板中选择【常用】选项卡，在【绘图】面板中单击【直线】按钮，绘制经过点 H 和点 G 的直线，如图 3-26 所示。

4）使用同样的方法，绘制其他顶点之间的连线，如图 3-27 所示。

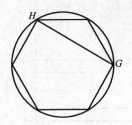

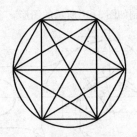

图 3-26 绘制直线 　　　　　　　　图 3-27 绘制顶点之间的连线

5）在【功能区】选项板中选择【常用】选项卡，在【修改】面板中单击【修剪】按钮，修剪图形并删除多余的线条，如图 3-28 所示。

6）在【功能区】选项板中选择【常用】选项卡，在【绘图】面板中单击圆弧的【三点】按钮，以 H、G 和圆心 O 为三点，绘制圆弧，如图 3-29 所示。

7）使用同样的方法，绘制其他圆弧，最终效果如图 3-24 所示。

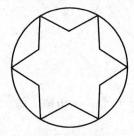

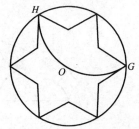

图 3-28 修剪图形 　　　　　　　　图 3-29 绘制圆弧

习　题

1. 绘制如图 3-30 所示的图形。

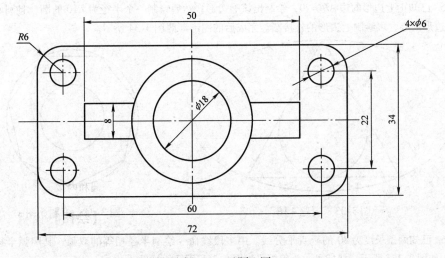

图 3-30 习题 1 图

2. 绘制如图 3-31 所示的图形。

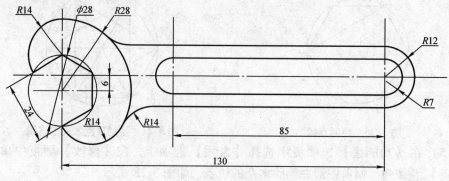

图 3-31   习题 2 图

3. 将大小相等的曲边菱形垂直缩放到两直线 L1 和 L2 之间，结果如图 3-32 所示。

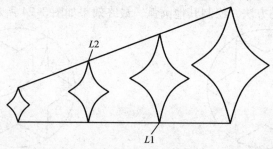

图 3-32   习题 3 图

4. 在椭圆中绘制一个三角形，三角形的三个顶点分别为：椭圆上四分点、椭圆左下四分之一椭圆弧的中点以及椭圆右下四分之一椭圆弧的中点；绘制三角形的内切圆，完成后的图形参照图 3-33 所示。

5. 已知正七边形的边 AB = 20，绘制出该七边形；然后绘制一个半径为 R10 的圆，且圆心与正七边形同心；再绘制七边形的外接圆。完成后的图形参照图 3-34 所示。

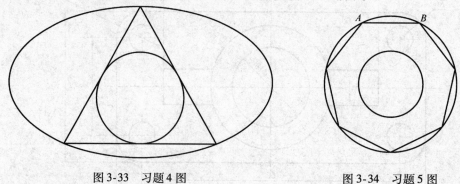

图 3-33   习题 4 图   图 3-34   习题 5 图

6. 已知两条长度为 80 的垂直平分线。用多段线命令绘制半径相等的双弧，其圆弧半径为 R25，如图 3-35a 所示；然后进一步编辑成如图 3-35b 所示的结果。

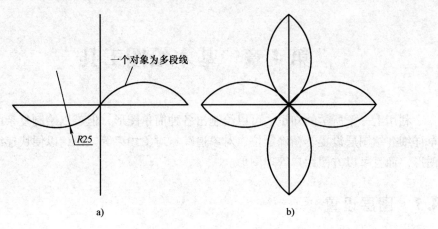

图 3-35　习题 6 图

a）步骤一　　b）步骤二

第4章 基本绘图工具

利用上一章所学的知识，可以绘制出各种简单图形，但难以绘制复杂图形。本章详细介绍图层设置、精确定位、对象追踪、对象约束等知识，以便快速绘制所需图形，而且可以方便用户管理图形。

4.1 图层设置

图层是 AutoCAD 中一个非常重要的图形管理工具，它相当于一张张透明的图纸重叠在一起，将不同的对象绘制在不同的图层上，用户可以单独对每一个图层中的对象进行编辑、修改，而对其他图层没有任何影响。在一个复杂的图形中，有许多不同类型的图形对象，可以通过创建多个图层将特性相似的对象绘制在同一个图层上，以便于用户管理和修改图形。在没有进行图层设置之前，在 AutoCAD 中绘制的所有对象都存放在默认的"0"图层上，对图层的各种操作主要是通过【图层特性管理器】对话框来完成的。

在 AutoCAD 2012 中可以创建无限多个图层，也可以根据需要给创建的图层设置名称，如直线层、虚线层和标注层等，每个图层还可以根据需要来控制图层上每个图元的可见性、各个图元的线型、各个图元的颜色等信息。

图层具有以下特点：

1）用户可以在一幅图中指定任意数量的图层。系统对图层数没有限制，对每一图层上的对象数也没有任何限制。

2）每一图层有一个名称，以加以区别。当开始绘制一幅新图时，AutoCAD 2012 自动创建名为"0"的图层，它是 AutoCAD 2012 的默认图层，其余图层需用户来定义。

3）一般情况下，位于一个图层上的对象应该是一种绘图线型、一种绘图颜色。用户可以改变各图层的线型、颜色等特性。

4）虽然 AutoCAD 2012 允许用户建立多个图层，但只能在当前图层上绘图。

5）各图层具有相同的坐标系和相同的显示缩放倍数。用户可以对位于不同图层上的对象同时进行编辑操作。

6）用户可以对各图层进行打开、关闭、冻结、解冻、锁定与解锁等操作，以决定各图层的可见性与可操作性。

在 AutoCAD 2012 中，默认情况下 0 图层被指定使用 7 号颜色、CONTINUOUS 线型、默认宽度及普通打印样式。在没有建立新的图层时，所有的图形对象是在零层上绘制的，0 层不能被删除和重新命名。用户可以根据自己的需要建立适当的图层，并且对图层进行管理。可采用以下操作方式：

1）命令行：输入 layer（la）。

2）菜单栏：单击【格式】→【图层】命令。

3）工具栏：　单击工具栏中的【图层特性管理器】█按钮。

单击菜单栏【格式】→【图层】命令，即直接执行 layer 命令，打开【图层特性管理器】对话框，如图 4-1 所示。

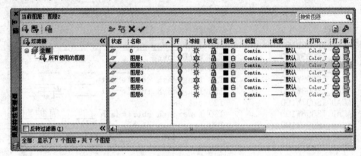

图 4-1　图层特性管理器

【图层特性管理器】对话框中的每个图层都包含状态、名称、开/关、冻结、锁定、线型、颜色、线宽和打印样式等特性，特性的个数可以进行调整，用户可以在每个特性附近单击鼠标右键，选择【自定义】命令，可以在其中选择要显示的特性，选择【最大化所有列】。当所有列最大化时，较长的图层名称就会完整显示出来。

执行 LINETYPE 命令，或单击线性控制区中的【其他】命令，或直接在图层特性管理器里单击线型下方对应图层的线型，AutoCAD 2012 弹出如图 4-2 所示的【线型管理器】对话框，可通过其确定绘图线型和线型比例等。

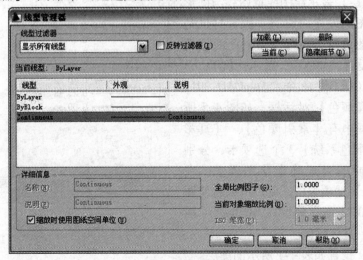

图 4-2　线型管理器

如果线型列表框中没有列出需要的线型，则应从线型库中加载它。单击【加载】按钮，AutoCAD 2012 弹出如图 4-3 所示的【加载或重载线型】对话框，从中可选择要加载的线型并加载。

图 4-3　加载或重载线型

执行 LWEIGHT 命令，AutoCAD 弹出【线宽设置】对话框，如图 4-4 所示。

图 4-4 列表框中列出了 AutoCAD 2012 提供的 20 余种线宽，用户可在【随层】、【随块】或某一具体线宽之间选择。其中，【随层】表示绘图线宽始终与图形对象所在图层设置的线宽一致，这也是最常用到的设置。还可以通过此对话框进行其他设置，如单位、显示比例等。

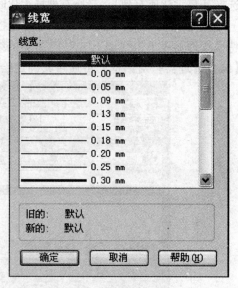

图 4-4　线宽设置

执行 COLOR 命令，AutoCAD 2012 弹出【选择颜色】对话框，如图 4-5 所示。对话框中有【索引颜色】、【真彩色】和【配色系统】3 个选项卡，分别用于以不同的方式确定绘图颜色。在【索引颜色】选项卡中，用户可以将绘图颜色设为 ByLayer（随层）、ByBlock（随块）或某一具体颜色。

【例】　设置如表 4-1 所示的图层。

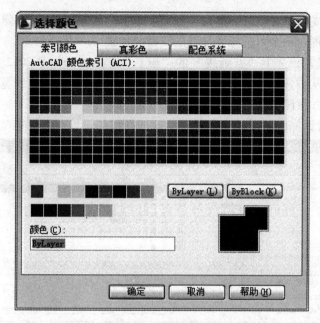

图 4-5　颜色设置

表 4-1　图层的设置

图层	线型	线宽	颜色（参考）	用途
粗实线	Continuous	0.3mm	白色/黑色	轮廓线
细实线	Continuous	0.15mm	浅蓝色	螺纹、过渡线等
点画线	Center	0.15mm	红色	中心线，轴心等
虚线	Hidden	0.15mm	深蓝色	不可见的轮廓线
文字	Continuous	0.15mm	白色/黑色	注释、标题栏等
尺寸标注	Continuous	0.15mm	绿色	尺寸标注
剖面线	Continuous	0.15mm	紫色	剖面线

1）选择菜单栏【格式】→【图层】命令，即执行 layer 命令，打开【图层特性管理器】对话框。

2）单击【新建图层】按钮，创建 7 个新图层。

3）更改图层名，选中"图层 1"行，单击图层名"图层 1"，使该图层名处于编辑状态，然后在文本框中输入"粗实线"，其他图层采用同样方法设置。

4）更改颜色，选中"点画线"的"白"项，AutoCAD 2012 弹出【选择颜色】对话框，从中选择红色，单击【确定】按钮，完成颜色的设置，其他图层采用同样方法设置。

5）更改线型，单击"点画线"的 Continuous 项，AutoCAD 2012 弹出【线型管理器】对话框，确定绘图线型和线型比例等。如果线型列表框中没有列出需要的线型，则应从线型库加载它。单击【加载】按钮，AutoCAD 2012 弹出【加载或重载线型】对话框，从中可选择要加载的线型并加载。

6）更改线宽，选中"点画线"的"默认"项，AutoCAD 2012 弹出【线宽设置】对话框，从中选择"0.15"项，单击【确定】按钮，完成线宽的设置，其他图层采用同样方法设置。

7）单击对话框中的【确定】按钮，完成图层的设置，如图4-6所示。

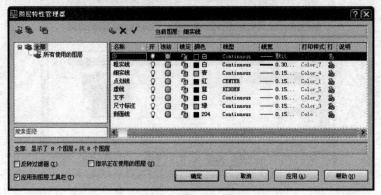

图4-6　设置图层特性

4.2　设置绘图界限

工程人员在绘制图形的时候，要设置图纸的大小。国家标准对工程图纸的尺寸做了精确的定义，例如 A0（1189mm×841mm）、A3（420mm×297mm）等。

设置图形界限类似于手工绘图时选择绘图图纸的大小，但具有更大的灵活性。选择【格式】→【图形界限】命令，即执行 LIMITS 命令，AutoCAD 提示：

指定左下角点或［开（ON）→关（OFF）］＜0.0000，0.0000＞：（指定图形界限的左下角位置，直接按＜Enter＞键或＜Space＞键采用默认值）。

指定右上角点：（指定图形界限的右上角位置）。

操作方式如下：

➤ 命令行：输入 limits。

➤ 菜单栏：单击【格式】→【图纸界限】。

单击菜单栏【格式】→【图纸界限】，即执行 limits 命令，AutoCAD 2012 提示如下：

命令：_limits（按＜Enter＞键）

重新设置模型空间界限：

指定左下角点或［开（ON）→关（OFF）］＜0.0000，0.0000＞：（在屏幕上指定一点）

指定右上角点＜420.0000，297.0000＞：420，297（按＜Enter＞键）

4.3　设置图形单位

在用 AutoCAD 2012 绘图的时候，一般要根据物体的实际尺寸来绘制图样，这时就需要对图形文件进行单位设置。执行【格式】→【单位】命令或在命令行中执行 unit 命令，弹出【图形单位】对话框，如图 4-7 所示。在【图形单位】对话框中对长度的单位、角度单位的类型、精度及方向等进行设置。

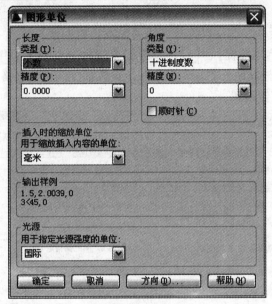

图 4-7　图形单位

部分命令说明如下：

1）【长度】选项组：指定测量的当前单位及当前单位的精度。

2）【类型】下拉列表框：设置测量单位的当前格式。该值包括"建筑"、"小数"、"工程"、"分数"和"科学"。其中，"工程"和"建筑"格式提供英尺和英寸两种单位并假定每个图形单位表示一英寸。其他格式可表示任何真实世界单位。

3）【精度】下拉列表框：设置线性测量值显示的小数位数或分数大小。

4）【角度】选项组：指定当前角度格式和当前角度显示的精度。

4.4　栅格捕捉与栅格显示

利用栅格捕捉，可以使光标在绘图窗口内按指定的步距移动。可以理解为：在绘图屏幕上隐含分布着按指定行间距和列间距排列的栅格点，这些栅格点对光标有吸附作用，即能够捕捉光标，使光标只能落在由这些点确定的位置上，从而使光标只能按指定的步距移动。栅格显示是指在屏幕上显式分布一些按指定行间距和列间距排列的栅格点，就像在屏幕上铺了一张坐标纸。用户可根据需要设置是否启用栅格捕捉和栅格显示功能，还可以设置相应的间距大小。

　　利用【草图设置】对话框中的【捕捉和栅格】选项卡可进行栅格捕捉与栅格显示方面的设置。选择【工具】→【草图设置】命令，AutoCAD 2012 弹出【草图设置】对话框，对话框中的【捕捉和栅格】选项卡（图4-8）用于栅格捕捉、栅格显示方面的设置（在状态栏上的【捕捉】或【栅格】按钮上右击，从快捷菜单中选择【设置】命令，也可以打开【草图设置】对话框）。

　　对话框中，【启用捕捉】、【启用栅格】复选框分别用于启用捕捉和栅格功能。【捕捉间距】、【栅格间距】选项组分别用于设置捕捉间距和栅格间距。用户还可通过此对话框进行其他设置。

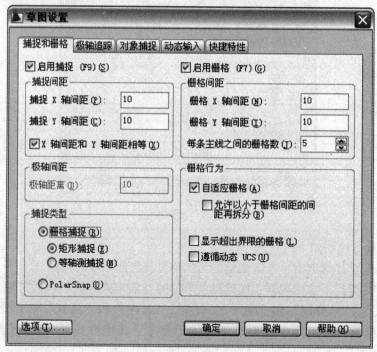

图4-8　捕捉和栅格

4.5　对象捕捉

　　利用对象捕捉功能，在绘图过程中可以快速、准确地确定一些特殊点，如圆心、端点、中点、切点、交点和垂足等，方便对图形的操作。可以通过对象捕捉工具栏和对象捕捉菜单启动对象捕捉功能，如图4-9 所示。

图 4-9　对象捕捉按钮

a）对象捕捉工具栏　b）对象捕捉菜单

对象自动捕捉（简称自动捕捉）又称为隐含对象捕捉，利用此捕捉模式可以使 AutoCAD 2012 自动捕捉到某些特殊点。

选择【工具】→【草图设置】命令，从弹出的【草图设置】对话框中选择【对象捕捉】选项卡，如图 4-10 所示（在状态栏上的【对象捕捉】按钮上右击，从快捷菜单选择【设置】命令，也可以打开此对话框）。

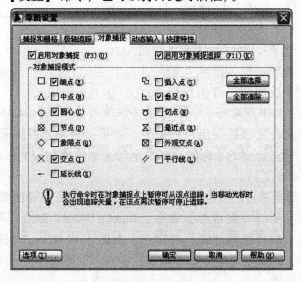

图 4-10　对象捕捉

在【对象捕捉】选项卡中，可以通过【对象捕捉模式】选项组中的各复选框确定自动捕捉模式，即确定 AutoCAD 2012 将自动捕捉到哪些点；【启用对象捕捉】复选框用于确定是否启用自动捕捉功能；【启用对象捕捉追踪】复选框则用于确定是否启用对象捕捉追踪功能，后面将介绍该功能。

利用"对象捕捉"选项卡设置默认捕捉模式并启用对象自动捕捉功能后，在绘图过程中，每当 AutoCAD 2012 提示用户确定点时，如果使光标位于对象在自动捕捉模式中设置的对应点的附近，AutoCAD 2012 会自动捕捉到这些点，并显示出捕捉到相应点的小标签，此时单击即可捕捉相应的点。

4.6　自动追踪

在 AutoCAD 2012 中，自动追踪功能可按指定角度绘制对象，或者绘制与其他对象有特定关系的对象。自动追踪功能分为极轴追踪和对象捕捉追踪两种，它是非常有用的辅助绘图工具。

4.6.1　极轴追踪

所谓极轴追踪，是指当 AutoCAD 2012 提示用户指定点的位置时（如指定直线的另一端点），拖动光标，使光标接近预先设定的方向（即极轴追踪方向），Auto-CAD 2012 会自动将橡皮筋线吸附到该方向，同时沿该方向显示出极轴追踪矢量，并浮出一小标签，说明当前光标位置相对于前一点的极坐标，如图 4-11 所示。

极轴追踪矢量

极轴: 33.3 < 135°

图 4-11　极轴追踪

可以看出，当前光标位置相对于前一点的极坐标为"33.3 < 135°"，即两点之间的距离为 33.3，极轴追踪矢量与 X 轴正方向的夹角为 135°。此时单击即可拾取该点作为绘图所需点；如果直接输入一个数值（如输入 50），AutoCAD 2012 则沿极轴追踪矢量方向按此长度值确定出点的位置；如果沿极轴追踪矢量方向拖动鼠标，AutoCAD 2012 会通过浮出的小标签动态显示与光标位置相应的极轴追踪矢量的值（即显示"距离 < 角度"）。

用户可以设置是否启用极轴追踪功能以及极轴追踪方向等性能参数，设置过程为：选择【工具】→【草图设置】命令，AutoCAD 2012 弹出【草图设置】对话框，打开对话框中的【极轴追踪】选项卡，如图 4-12 所示（在状态栏上的【极轴】按钮上右击，从快捷菜单选择【设置】命令，也可以打开相应的对话框），用户根据需要设置即可。

图 4-12 "极轴追踪"选项卡设置

4.6.2 对象捕捉追踪

对象捕捉追踪是对象捕捉与极轴追踪的综合应用。例如,已知下面左图中有一个圆和一条直线,当执行 LINE 命令确定直线的起始点时,利用对象捕捉追踪可以找到一些特殊点,如图 4-13 所示。

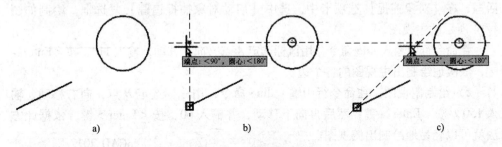

图 4-13 对象捕捉追踪

图 4-13b 图中捕捉到的点的 X、Y 坐标分别与已有直线端点的 X 坐标和圆心的 Y 坐标相同。图 4-13c 图中捕捉到的点的 Y 坐标与圆心的 Y 坐标相同,且位于相对于已有直线端点的 45°方向。单击即可拾取相应的点。

4.7 典型实例

利用对象追踪功能绘制如图 4-14 所示的三视图,不需要标注。

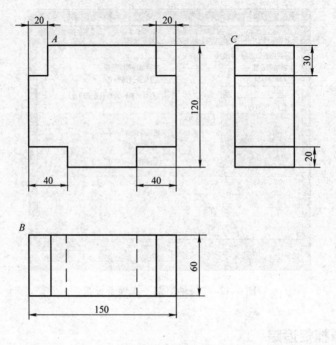

图 4-14　三视图

操作步骤：

1）绘制主视图。单击菜单栏【工具】→【草图设置】，打开【草图设置】对话框，在【对象捕捉】选项卡中，选中【启动对象捕捉追踪】复选框，绘制如图4-14 所示的主视图。

在命令行中输入 line 命令，用鼠标选定 A 点，向右移动，输入 110，按 < Enter > 键，依次地绘制出主视图的各个边。

2）绘制俯视图。在命令行中输入 line 命令，用鼠标选定 B 点，向右移动，输入 150，按 < Enter > 键，然后再向下移动，并输入 60，按 < Enter > 键，依据此方法就可以轻易地绘制出俯视图。

3）绘制左视图。在命令行中输入 line 命令，用鼠标选定 C 点，向右移动，输入 60，按 < Enter > 键，然后再向下移动，输入 120，按 < Enter > 键，依据此方法就可以轻易地绘制出左视图。

习　题

1. 运用对象捕捉的方法绘制以下各图，尺寸自定，如图 4-15 所示。

2. 根据已知尺寸绘制如图 4-16 所示的图形。

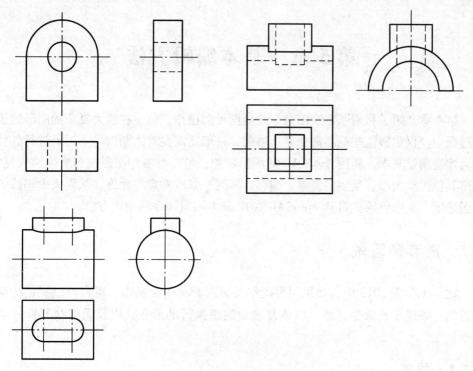

图 4-15　对象捕捉法绘图

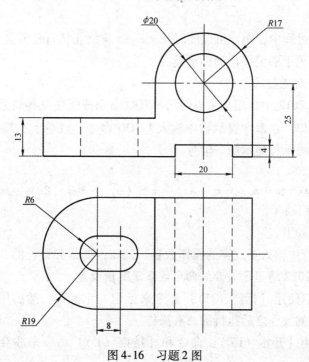

图 4-16　习题 2 图

第5章　基本编辑方法

第4章介绍了利用基本绘图命令绘制图形的操作，但是在较为复杂的图形的绘制过程中，仅掌握这些绘图命令是不够的，一般还需要对绘制的基本对象进行各种编辑才能满足要求。利用 AutoCAD 的编辑功能，可以对各种图形进行删除与恢复、改变其位置和大小、复制、镜像、偏移、阵列、修改对象等操作，从而大大提高了绘图速度。本章将重点讲解 AutoCAD 2012 基本编辑命令的使用方法。

5.1　放弃和重做

在 AutoCAD 2012 中，如果因为操作失误或者其他误操作，用户可以撤销前面执行的一条或多条命令，还可以恢复前面撤销执行的命令，以及重复执行同一条命令。

5.1.1　放弃

1. 终止命令

在命令执行过程中，用户可以随时按 < Esc > 键终止执行任何命令（< Esc > 键是 Windows 程序用于取消操作的标准键）。

2. 撤销前面所进行的操作

在 AutoCAD 2012 中，用户可以使用 UNDO 命令按顺序放弃最近一个或撤销前面进行的多步操作。在命令提示行中输入 UNDO 命令，或单击工具栏按钮 ↩ 执行命令。这时命令提示行显示如下信息：

命令：UNDO

输入要放弃的操作数目或 ［自动（A）→控制（C）→开始（BE）→结束（E）→标记（M）→后退（B）］ <1 >：

各命令意义如下：

1）在命令行中输入要放弃的操作数目。例如，要放弃最近的 2 个操作，应输入 2。AutoCAD 2012 将显示放弃的命令或系统变量设置。

2）用户可以使用【标记（M）】命令来标记一个操作，然后用【后退（B）】命令放弃在标记的操作之后执行的所有操作。

3）可以使用【开始（BE）】命令和【结束（E）】命令来放弃一组预先定义的操作。

5.1.2　重做

1. 重做

如果要恢复被 UNDO 命令放弃的一步或几步操作，可以使用 REDO 命令来进行重做。用户可以在命令提示行中输入 REDO 命令，或单击工具栏按钮 ⟳ 执行命令。

2. 重复命令

在 AutoCAD 2012 中，用户可以使用多种方法来重复执行命令。

1）要重复执行上一个命令，可以按 < Enter > 键或空格键，或在绘图区域中单击鼠标右键，从弹出的快捷菜单中选择【重复】命令。

2）要重复执行最近使用的 6 个命令中的某一个命令，可以在命令窗口或文本窗口中单击右键，从弹出的快捷菜单中选择【近期使用的命令】子菜单中最近使用过的 6 个命令之一。

3）多次重复执行同一个命令，可以在命令提示下输入 MULTIPLE 命令，然后在【输入要重复的命令名】提示下输入需要重复执行的命令。这样 AutoCAD2012 将重复执行该命令，直到用户按 < Esc > 键为止。

5.2　删除图形和选择图形

在绘图过程中常常需要绘制辅助对象来帮助定位，而在完成图形的绘制后往往又需要将这些辅助对象删除。在对已经绘好的图形进行编辑前，必须先掌握选择图形对象的方法。下面详细讲解删除图形对象和选择图形对象的方法。

5.2.1　删除图形

【删除】命令用以删除图形。可以通过以下三种方法来进行删除操作：

命令行：输入 ERASE。

菜单栏：单击【修改】→【删除】。

工具栏：单击【删除】 ✎ 按钮。

【例 5-1】　如图 5-1a 所示，将图形中的两个大圆删除，得到结果如图 5-1b 所示。

单击选中图形中需删除的两个圆，单击 ✎，执行删除操作，删除结果如图 5-1b 所示。

5.2.2　选择图形

在对图形进行编辑修改操作时，首先要选择编辑的图形。选择的图形，既可以是单个对象，也可以是对象编组。AutoCAD 2012 用虚线显示所选的对象，这些对

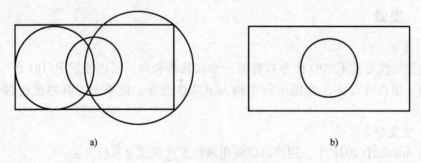

a)   b)

图 5-1　删除操作

a）已有图形　b）删除结果

象就构成选择集。

1. 确定对象选择模式和方法

在 AutoCAD 2012 中，选择图形的方法有单击对象逐个选取、利用窗口或交叉窗口选择。可以选择新创建的对象，也可以选择以前的图形对象，还可以添加或删除对象。选择对象的命令是 SELECT。选择对象时，如果在命令行的【选择对象】提示下输入"?"，将显示如下的提示信息：

命令：_ select

选择对象：?

＊无效选择＊

需要点或窗口（W）→上一个（L）→窗交（C）→框（BOX）→全部（ALL）→栏选（F）→圈围（WP）→圈交（CP）→编组（G）→添加（A）→删除（R）→多个（M）→前一个（P）→放弃（U）→自动（AU）→单个（SI）→子对象（SU）→对象（O）

根据上面提示信息，输入其中的大写字母即可指定对象选择模式。接下来举例说明各命令功能：

1）默认时可直接选择拾取对象，但此法精度不高，且每次只能选取一个对象，当选取大量对象时，效率较低。

2）【窗口（W）】：可通过两个角点绘制一个矩形窗口（细实线框）来选择对象，所有位于矩形窗口内的对象被选中，窗口外或只有部分在窗口内的对象则不被选中，如图 5-2 所示。

3）【上一个（L）】：可选取图形窗口内可见对象中最后创建的对象，无论使用几次该命令，都只有一个对象被选中。

4）【窗交（C）】：使用交叉窗口选择对象，与用窗口选择对象类似，点取对角点顺序与窗口选择相反，但使用此命令会使全部位于窗口之内或与窗口边界相交的对象全被选中，并以虚线显示矩形窗口，以此区别窗口选择，如图 5-3 所示。

5）【框（BOX）】：是由"窗口"和"窗交"组合的一个命令，从左到右设置拾取框的两角点即可执行【窗口】命令，从右到左设置拾取框的两角点则执行

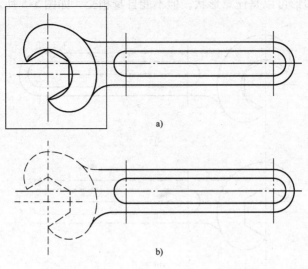

图 5-2　使用【窗口（W）】选择对象

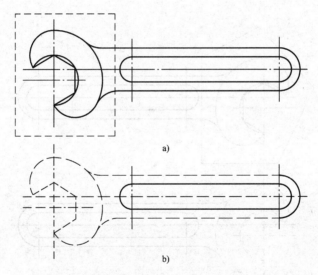

图 5-3　使用【窗交（C）】选择对象

【窗交】命令。

　　6）【全部（ALL）】：用来选取图形中没有被锁定、关闭或冻结的图层上的所有对象。

　　7）【栏选（F）】：通过绘制一条开放的多点栅栏来选择，所有与栅栏线相接触的对象均会被选中，如图 5-4a 所示为设置栅栏，图 5-4b 所示为选中结果。

　　8）【圈围（WP）】：通过绘制一个不规则的、将被选对象完全包围在里面的封闭多边形，并用它作为拾取窗口，可选择对象。例如，多边形不封闭，系统将自动使其封闭，多边形可以是任意形状，但不能自身相交，如图 5-5 所示。

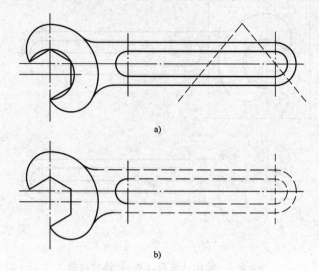

a)

b)

图 5-4　使用【栏选（F）】选择对象

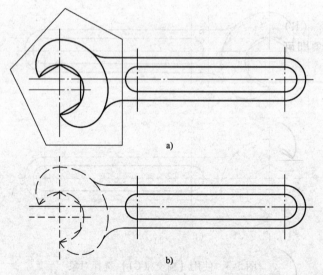

a)

b)

图 5-5　使用【圈围（WP）】选择对象

9)【圈交（CP）】：与【圈围】命令功能类似，也是通过绘制一个不规则的封闭多边形作为交叉式窗口来选取对象，所有在多边形内或与多边形相交的对象都被选中，如图 5-6 所示。

10)【编组（G）】：使用组名字来选择一个已定义的对象编组。

11)【添加（A）】：通过设置 PICKADD 系统变量把对象加入到选择中，设 1（默认）则后面所选择的对象均加入到选择中，设 0 则最近所选择的对象均加入到

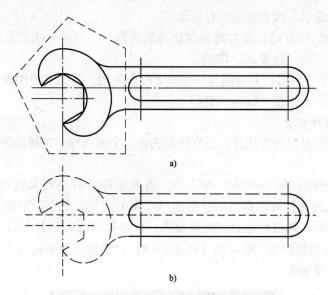

a)

b)

图5-6　使用【圈交（CP）】选择对象

选择中。

12)【删除（R）】：可从选择对象中（不是图中）移出已选取的对象，只需单击要移出的对象即可。

13)【多个（M）】：可以选取多个点但不醒目显示对象，这样可加速选取对象。如图5-7a所示，选择右边两半圆及下横线，结果为图5-7b所示。

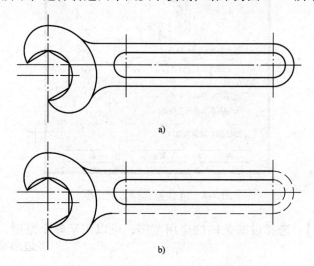

a)

b)

图5-7　使用【多个（M）】选择对象

14)【前一个（P）】：将最近的选择设置为当前选择。

15)【放弃（U）】：取消最近的对象选择操作，如最后一次选取的对象超过一个时，将放弃最后一次选取的所有对象。

16）【自动（AU）】：该功能为自动选取对象，一旦第一次拾取一个对象，该对象则被选取，而"框模式"取消。

17）【单个（SI）】：其功能与其他命令配合使用，若提前使用该命令，则对象选取自动结束，不用按＜Enter＞键。

2. 其他选择方法

除上述选择对象的方法外，还有快速选择、全部选择、过滤选择和对象编组选择等。

1）快速选择。在 AutoCAD 2012 中，需要选择具有某些共同特点的对象时，可利用【快速选择】对话框，根据所选择对象的图层、线型、颜色、图案填充等项的要求和特征，来进行选择。具体操作：单击菜单【常用】→【实用工具】中的 按钮。打开如图 5-8 所示的【快速选择】对话框，然后按所选的功能进行选择。各功能选项如下：

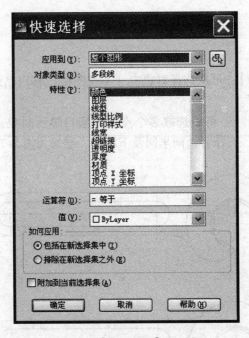

图 5-8 【快速选择】对话框

> 【应用到】：选择过滤条件的应用范围，可以用于整个范围，也可用到当前选择。

> 【选择对象】按钮 ：单击该按钮将切换到绘图窗口中，并根据当前所指定的过滤条件来选择对象，按＜Enter＞键结束选择并回到【快速选择】对话框中。

➢【对象类型】：指定要过滤的对象类型。

➢【特性】：指定作为过滤条件的对象特性。

➢【运算符】：指定过滤范围，运算符包括"＝"、"＜＞"、"＜"、"＞"、
　　"＊"和"全部选择"。"＜"和"＞"操作符对某些对象特性是不可用的，
　　"＊"操作符仅对可编辑的文本起作用。

➢【值】：设置过滤的特性值。

➢【如何应用】：选择【包括在新选择集中】单选按钮，由满足过滤条件的对
　　象构成选择集；选择【排除在新选择集之外】单选按钮，则由不满足过滤
　　条件的对象构成选择集。

➢【附加到当前选择集】：指定由 QSELECT 命令所创建的选择集追加到当前选
　　择集，若不勾选则替代当前选择集。

2）全部选择。当需要选中所有对象时，可单击菜单【常用】→【实用工具】
中的 按钮，也可以使用组合快捷键＜Ctrl＋A＞来全选。

3）对象编组选择。对象编组是已命名的对象选择集，一个对象可以作为多个
编组成员，并与图形一起保存。其操作如下：

➢命令行：输入 GROUP。

4）过滤选择。过滤选择是以所选对象的类型（直线、圆、圆弧）、图层、颜
色、线型、线宽等特征为条件，来过滤选择符合条件的对象。其操作如下：

➢命令行：输入 FILTER。

打开如图 5-9 所示的【对象选择过滤器】对话窗口，该对话框上面的列表框
中显示了当前设置的过滤条件，各命令功能如下：

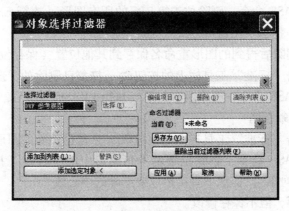

图 5-9　【对象选择过滤器】对话框

➢【选择过滤器】：设置选择过滤器，包括【类型选择】、【对象特性】、【关系
　　运算】、【添加到列表】、【替换】、【添加对象】等。

➢【编辑项目】：选中该项，能编辑过滤器列表框中选中的项目。

➢【删除】：选中该项，能删除过滤器列表框中选中的项目。

➢【清除列表】：选中该项，能删除过滤器列表框中选中的所有项目。

➢【命名过滤器】：选择已命名的过滤器，包括【当前】、【另存为】、【删除当前过滤器列表】等。

【例5-2】　　如图5-10所示图形，对该图执行如下操作：

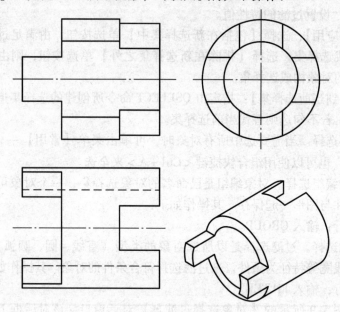

图5-10　删除图形

1）执行 ERASE 命令，删除位于第2行的所有图形（执行 ERASE 命令后，可在【选择对象:】提示下用窗口方式删除对象）。

2）将执行删除后得到的图形重命名保存到其他位置（保存位置由用户指定）。

3）连续单击"标准"工具栏上的按钮⤺，恢复已删除的图形。

4）执行 ERASE 命令，删除所有图形（执行 ERASE 命令后，在【选择对象:】提示下应用 ALL 命令）。

5）再次单击"标准"工具栏上的按钮⤺，恢复已删除的图形。

6）执行 ERASE 命令，删除位于左下角图形中的中心线（执行 ERASE 命令后，应在【选择对象:】提示下直接拾取要删除的中心线）。

7）关闭图形，但不保存修改。

5.3　移动图形和复制图形

移动图形即将图形从当前位置移到新位置，保持对象原来的方向性不变，不改变图形的形状和大小等几何特征。当要绘制的图形与已有的图形相同或相似时，可以通过复制的方法快速生成相同的图形，再对其进行修改或调整即可。复制图形的方法有多种，在实际操作时可以根据不同的情况采用不同的方法。

5.3.1 移动图形

【移动】命令是在指定的方向上按指定距离移动对象，对对象进行重新定位。可以通过以下三种方法来进行移动操作：

➢ 命令行：输入 MOVE。

➢ 菜单栏：单击【修改】→【移动】。

➢ 工具栏：单击【移动】✛按钮。

命令行提示如下：

命令：_ move

选择对象：（选择要移动对象）

选择对象：找到 1 个

选择对象：（按 < Enter > 键结束对象选择）

指定基点或位移：（单击或输入基点坐标）

指定位移的第二点或 < 用第一点做位移 > ：（以基点为起点，输入终点坐标值，为移动图形对象终点的位置）

5.3.2 复制图形

【复制】命令可以将对象进行一次或多次复制，原对象仍保留，复制生成的每个对象都是独立的。可以通过以下三种方法来进行复制操作：

➢ 命令行：输入 copy。

➢ 菜单栏：单击【修改】→【复制】。

➢ 工具栏：单击【复制】❀按钮。

命令行提示如下：

命令：_ copy

选择对象：找到 1 个（按 < Enter > 键）

指定基点或位移：指定位移的第二点或 < 用第一个点做位移 > ：

指定位移的第二点：（可重复进行）

【例 5-3】 对图 5-11a 所示的已有图形分别执行移动和复制操作，结果如图 5-11b 所示。

操作步骤如下：

1）移动圆形。单击【移动】✛按钮，或执行 MOVE 命令，AutoCAD 提示如下：

选择对象：（选择圆形，按 < Enter > 键）

指定基点或 ［位移（D）］ < 位移 > ：（在绘图屏幕适当位置拾取一点作为移动基点）

指定第二个点或 < 使用第一个点作为位移 > ：（通过移动鼠标拖动圆形，使其位于适当位置

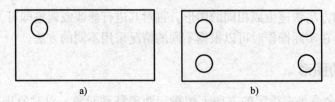

图 5-11　移动、复制操作

a) 已有图形　b) 移动、复制结果

后单击鼠标)

执行结果如图 5-12 所示。

2) 复制圆形。单击"修改"工具栏上的【复制】按钮，或执行 COPY 命令，AutoCAD 提示如下：

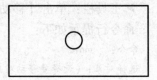

图 5-12　移动结果

选择对象：(选择圆，按 <Enter> 键)

指定基点或 [位移 (D) →模式 (O)] <位移>：(在绘图屏幕适当位置拾取一点作为复制基点，如在圆的圆心位置拾取一点)

指定第二个点或 <使用第一个点作为位移>：(通过移动鼠标拖动圆，使其位于矩形的右上角位置后单击鼠标拾取键)

指定第二个点或 [退出 (E) →放弃 (U)] <退出>：(通过移动鼠标拖动圆，使其位于矩形的左下角位置后单击鼠标拾取键)

指定第二个点或 [退出 (E) →放弃 (U)] <退出>：(通过移动鼠标拖动圆，使其位于矩形的右下角位置后单击鼠标拾取键)

指定第二个点或 [退出 (E) →放弃 (U)] <退出>：

执行结果如图 5-11b 所示。

5.4　旋转图形

旋转图形指将图形绕指定基点旋转一个角度，改变其方向，从而确定新的位置，该命令主要用于将对象与坐标轴或其他对象进行对齐。可以通过以下三种方法来进行旋转操作：

➢ 命令行：输入 ROTATE。

➢ 菜单栏：单击【修改】→【旋转】。

➢ 工具栏：单击【旋转】按钮。

命令行提示如下：

命令：_ rotate

UCS 当前的正角方向：ANGDIR = 逆时针 ANGBASE = 0

选择对象：(选择要旋转对象，可依次选择多个对象)

选择对象：找到 1 个

选择对象：　（按＜Enter＞键，结束选择对象）

指定基点：（指定一个固定点）

指定旋转角度或［参照（R）］：（输入角度值，逆时针旋转为正，顺时针旋转为负）

如选择［参照（R）］命令，将以参照方式旋转对象，要依次指定参照方向的角度值和相对参照方向的角度值。

【例5-4】　如图5-13a所示，将图形中的小圆顺时针旋转45°，得到如图5-13b所示的图形。

操作步骤如下：

单击【旋转】 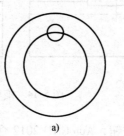 按钮，命令行提示如下：

UCS 当前的正角方向：ANGDIR = 逆时针 ANGBASE = 0

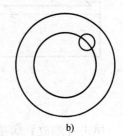

图5-13　旋转图形

选择对象：（选择要旋转的小圆）

选择对象：　（按＜Enter＞键，结束对象选择）

指定基点：（选择大圆圆心）

指定旋转角度或［参照（R）］：－45（或鼠标操作）

5.5　缩放图形

缩放图形是指将图形按指定的比例因子相对于基点进行尺寸缩放，从而改变图形的实际尺寸大小，比例因子大于0而小于1时缩小对象，比例因子大于1时放大对象。可以通过以下三种方法来进行缩放操作：

➢ 命令行：输入 SCALE。

➢ 菜单栏：单击【修改】→【缩放】。

➢ 工具栏：单击【缩放】 按钮。

命令行提示如下：

命令：_ scale

选择对象：找到1个，总计10个

选择对象：（按＜Enter＞键，结束对象选择）

指定基点：拾取 O 点

指定比例因子或［参照（R）］：0.5

如选择［参照（R）］，对象将按参照的方式进行缩放，需依次输入参照长度的值和新的长度值，AutoCAD 自动计算比例因子，进行缩放。

【例5-5】　如图5-14a所示，将图形中的小孔尺寸缩小为原来的一半，得到如图5-14b所示图形。

操作步骤如下：

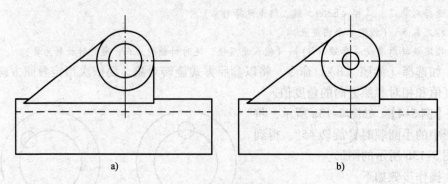

图 5-14　缩小图形

单击【缩放】□ 按钮，AutoCAD 2012 命令行提示如下：

选择对象：（选择要缩小的小圆）

选择对象：　　（按＜Enter＞键，结束对象选择）

指定基点：（选择圆心）

指定比例因子或 ［复制（C）→参照（R）］：0.5（或鼠标操作）

5.6　偏移图形

偏移图形是指将指定的直线、圆、圆弧等对象作同心偏移复制。可以通过以下两种方法来进行偏移操作：

➤ 命令行：输入 OFFSET。

➤ 菜单栏：单击【修改】→【偏移】。

工具栏：单击【偏移】□ 按钮。

命令行提示如下：

命令：　_ offset

当前设置：删除源 = 否　图层 = 源　OFFSETGAPTYPE = 0

指定偏移距离或 ［通过（T）→删除（E）→图层（L）］ ＜通过＞：

选择要偏移的对象，或 ［退出（E）→放弃（U）］ ＜退出＞：

各命令功能说明如下：

➤【通过（T）】：生成通过某一点的偏移对象，可重复提示，以便偏移多个对象。

➤ 如指定偏移距离，则选择要偏移复制的对象，然后指定偏移方向，以复制出对象，指定距离必须大于 0。

➤ 只能以直接方式拾取对象，一次选择一个对象。

➤ 点、图块属性和文本对象不能被偏移。

➤ 使用【偏移】命令复制对象时，复制结果不一定与原对象相同，直线是平行复制，圆及圆弧是同心复制。

【例 5-6】　如图 5-15a 所示，对图形中的矩形及圆形分别进行偏移，得到如图 5-15b 所示的图形。

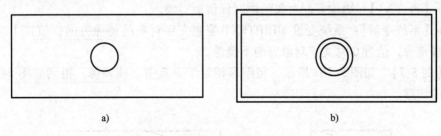

　　　　　　　a)　　　　　　　　　　　　　　　　　　　　b)

图 5-15　偏移图形

操作步骤如下：

单击【偏移】🔷按钮或执行 OFFSET 命令，AutoCAD 提示如下：

命令：_ offset

当前设置：删除源 = 否　图层 = 源　OFFSETGAPTYPE = 0

指定偏移距离或［通过（T）→删除（E）→图层（L）］＜通过＞：20（输入偏移距离，或选择两点定义距离）

选择要偏移的对象，或［退出（E）→放弃（U）］＜退出＞：（选择矩形外轮廓）

指定要偏移的那一侧上的点，或［退出（E）→多个（M）→放弃（U）］＜退出＞：（在矩形外轮廓外任意位置拾取一点）

选择要偏移的对象，或［退出（E）→放弃（U）］＜退出＞：（选择圆形外轮廓）

指定要偏移的那一侧上的点，或［退出（E）→多个（M）→放弃（U）］＜退出＞：（在圆形外轮廓外任意位置拾取一点）

选择要偏移的对象，或［退出（E）→放弃（U）］＜退出＞：　　＊取消＊

5.7　镜像图形

镜像图形指将目标对象按指定的镜像线作对称复制，源目标对象可保留也可删除。可以通过以下三种方法来进行镜像操作：

➢ 命令行：输入 MIRROR。

➢ 菜单栏：单击【修改】→【镜像】。

➢ 工具栏：单击【镜像】🔺按钮。

命令行提示如下：

命令：_ mirror

选择对象：指定对角点：找到 2 个

选择对象：　　（按＜Enter＞键，结束对象选择）

指定镜像线的第一点：指定镜像线的第二点：

要删除源对象吗？［是（Y）→否（N）］＜N＞：

命令功能说明如下：

➤【是（Y）】：镜像复制对象的同时删除源对象。

➤【否（N）】：镜像复制对象的同时保留源对象。

➤【系统变量】：系统变量 MIRRTEXT 控制文字对象的镜像方向，值置 1 时文字也被镜像，值置 0 时文字对象方向不镜像。

【例5-7】　如图 5-16a 所示，将图形相对于垂直中心线镜像，得到如图 5-16b 所示的图形。

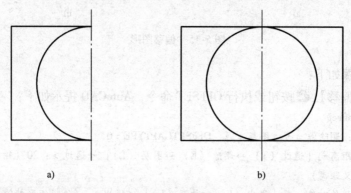

a)　　　　　　　　　　　　　　　　　b)

图 5-16　镜像图形

操作步骤如下：

单击【镜像】▲按钮或执行 MIRROR 命令，AutoCAD 提示如下：

命令：_ mirror

选择对象：找到 1 个

选择对象：找到 1 个，总计 2 个（选择除垂直中心线外的其他图形）

选择对象：（结束对象选择，按＜Enter＞键）。

指定镜像线的第一点：指定镜像线的第二点：（分别拾取垂直中心线的两点）

要删除源对象吗？【是（Y）→否（N）】＜N＞：

5.8　阵列图形

阵列图形是指将图形按矩形或环形方式均布。阵列命令为 ARRAY，在当前工作空间的功能区上没有提供阵列按钮。输入命令后将显示以下提示：

命令：ARRAY

选择对象：找到 1 个

选择对象：（按＜Enter＞键，结束对象选择）

输入阵列类型［矩形（R）→路径（PA）→极轴（PO）］＜矩形＞：（输入命令或按＜Enter＞键，默认为矩形阵列）

此时，这三个命令相当于工具栏中的【阵列】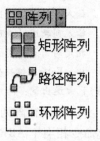按钮，单击【修改】→【阵列】可以看到【矩形阵列】、【路径阵列】、【环形阵列】三个命令，如图 5-17 所示。

图 5-17　阵列菜单栏

（1）矩形阵列　矩形阵列的按钮为 ，也可以在命令行直接输入 ARRAYRECT，此命令相当于 ARRAY 中的【矩形（R）】命令。矩形阵列将对象副本分布到行、列和阵列角的任意组合。创建选定对象的矩形阵列，将显示以下提示：

命令：ARRAYRECT

选择对象：找到 1 个

选择对象：（按 < Enter > 键，结束对象选择）

类型 = 矩形　关联 = 是

为项目数指定对角点或［基点（B）→角度（A）→计数（C）］< 计数 >：（输入命令或按 < Enter > 键）

输入行数或［表达式（E）］< 4 >：（输入新行数或按 < Enter > 键采用默认值 4）

输入列数或［表达式（E）］< 4 >：（输入新列数或按 < Enter > 键采用默认值 4）

指定对角点以间隔项目或［间距（S）］< 间距 >：（输入间距或用鼠标选择间距）

按 < Enter > 键接受或［关联（AS）→基点（B）→行（R）→列（C）→层（L）→退出（X）］< 退出 >：（按 < Enter > 键或选择命令）

【例 5-8】　如图 5-18a 所示，对图形进行矩形阵列，得到如图 5-18b 所示的图形。

a)　　　　　　　　　　　　　b)

图 5-18　矩形阵列

操作步骤如下：

单击【矩形阵列】 按钮或执行 ARRAYRECT 命令，AutoCAD 2012 提示如下：

命令：_ arrayrect

选择对象：找到 1 个

选择对象：（按 < Enter > 键）

类型 = 矩形　关联 = 是

为项目数指定对角点或［基点（B）→角度（A）→计数（C）］< 计数 >：　（按 < Enter > 键）

输入行数或［表达式（E）］＜4＞：5

输入列数或［表达式（E）］＜4＞：2

指定对角点以间隔项目或［间距（S）］＜间距＞：（用鼠标选择间距）

按＜Enter＞键接受或［关联（AS）→基点（B）→行（R）→列（C）→层（L）→退出（X）］＜退出＞：　（按＜Enter＞键）

（2）路径阵列　路径阵列按钮为 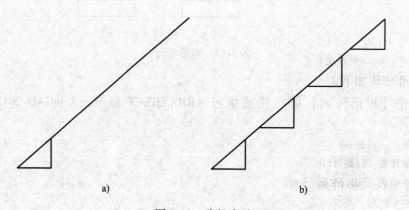，也可以在命令行直接输入 ARRAYPATH，此命令相当于 ARRAY 中的【路径（PA）】命令。路径阵列沿路径或部分路径均匀分布对象副本。路径可以是直线、多段线、三维多段线、样条曲线、螺旋、圆弧、圆或椭圆。创建选定对象的路径阵列，将显示以下提示：

命令：_ arraypath

选择对象：找到 1 个

选择对象：（按＜Enter＞键，结束对象选择）

类型＝路径　关联＝是

选择路径曲线：（选择路径，路径曲线应事先创建）

输入沿路径的项数或［方向（O）→表达式（E）］＜方向＞：（指定项目数或输入命令）

指定基点或［关键点（K）］＜路径曲线的终点＞：（指定基点或输入命令）

指定与路径一致的方向或［两点（2P）→法线（NOR）］＜当前＞：（按＜Enter＞键或选择命令）

输入沿路径的项目数或［表达式（E）］＜4＞：（输入新项目数或按＜Enter＞键采用默认值4）

指定沿路径的项目之间的距离或［定数等分（D）→总距离（T）→表达式（E）］＜沿路径平均定数等分（D）＞：（指定距离或输入命令）

按＜Enter＞键接受或［关联（AS）→基点（B）→项目（I）→行（R）→层（L）→对齐项目（A）→Z方向（Z）→退出（X）］＜退出＞：（按＜Enter＞键或选择命令）

【例5-9】　如图5-19a所示，对图形进行路径阵列，得到如图5-19b所示的图形。

a)　　　　　　　　　　　　　　　b)

图5-19　路径阵列

操作步骤如下：

单击【矩形阵列】 按钮或执行 ARRAYPATH 命令，AutoCAD 2012 提示：

命令：_ arraypath

选择对象：找到 1 个

选择对象：找到 1 个，总计 2 个（选择横竖两条短阶梯线）

选择对象：（按 < Enter > 键，结束对象选择）

类型 = 路径　关联 = 是

选择路径曲线：（选择长斜线作为路径）

输入沿路径的项数或 [方向（O）→表达式（E）] < 方向 >：（鼠标指定斜线方向，按 < Enter > 键）

指定基点或 [关键点（K）] < 路径曲线的终点 >：　（按 < Enter > 键）

指定与路径一致的方向或 [两点（2P）→法线（NOR）] < 当前 >：　（按 < Enter > 键）

输入沿路径的项目数或 [表达式（E）] < 4 >：　（按 < Enter > 键，采用默认值4）

指定沿路径的项目之间的距离或 [定数等分（D）→总距离（T）→表达式（E）] < 沿路径平均定数等分（D）>：　（按 < Enter > 键）

按 < Enter > 键接受或 [关联（AS）→基点（B）→项目（I）→行（R）→层（L）→对齐项目（A）→Z 方向（Z）→退出（X）] < 退出 >：　（按 < Enter > 键）

（3）环形阵列　环形阵列按钮为 ，也可以在命令行直接输入 ARRAYPO-LAR，此命令相当于 ARRAY 中的【极轴（PO）】命令。环形阵列指围绕中心点或旋转轴环形均布对象副本。创建选定对象的环形阵列，将显示以下提示：

命令：_ arraypolar

选择对象：找到 1 个

选择对象：（按 < Enter > 键，结束对象选择）

类型 = 极轴　关联 = 是

指定阵列的中心点或 [基点（B）→旋转轴（A）]：（指定中心点或输入命令）

输入项目数或 [项目间角度（A）→表达式（E）] < 4 >：（指定项目数或输入命令）

指定填充角度（ + = 逆时针、 - = 顺时针）或 [表达式（EX）] < 360 >：（输入填充角度或输入命令）

按 < Enter > 键接受或 [关联（AS）→基点（B）→项目（I）→项目间角度（A）→填充角度（F）→行（ROW）→层（L）→旋转项目（ROT）→退出（X）] < 退出 >：（按 < Enter > 键或选择命令）

【例 5-10】　如图 5-20a 所示，对图形进行环形阵列，得到如图 5-20b 所示的图形。

操作步骤如下：

单击【矩形阵列】 按钮或执行 ARRAYPOLAR 命令，AutoCAD 2012 提示如下：

命令：_ arraypolar

选择对象：找到 1 个（选择实线圆形）

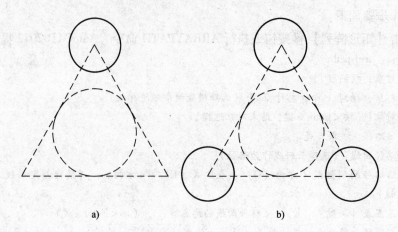

图 5-20　环形阵列

选择对象：　　（按 < Enter > 键，结束对象选择）

类型 = 极轴　关联 = 是

指定阵列的中心点或［基点（B）→旋转轴（A）］：（鼠标选择虚线圆心）

输入项目数或［项目间角度（A）→表达式（E）］< 4 >：3

指定填充角度（+ = 逆时针、- = 顺时针）或［表达式（EX）］< 360 >：（按 < Enter > 键，采用默认角度）

按 < Enter > 键接受或［关联（AS）→基点（B）→项目（I）→项目间角度（A）→填充角度（F）→行（ROW）→层（L）→旋转项目（ROT）→退出（X）］< 退出 >：　　（按 < Enter > 键）

　　另外，利用 DELOBJ 系统变量可以控制在阵列创建后是删除还是保留阵列的源对象。

5.9　拉伸图形

　　拉伸图形指将图形以指定的方向和角度拉长或缩短，因此拉伸后图形对象在 X 和 Y 轴方向上的比例将发生改变。可以通过以下三种方法来进行拉伸操作：

➤ 命令行：输入 STRETCH。

➤ 菜单栏：单击【修改】→【拉伸】。

➤ 工具栏：单击【拉伸】 按钮。

　　对于直线、圆弧、区域填充和多段线等对象，若其所有部分均在选择窗口内，它们将被移动，若只有一部分在选择窗口内，则遵循以下拉伸原则：

➤ 直线：位于窗口外的端点不动，位于窗口内的端点移动。

➤ 圆弧：与直线类似，但圆弧的弦高保持不变，需调整圆心的位置和圆弧的起始角和终止角的值。

➢ 区域填充：位于窗口外的端点不动，位于窗口内的端点移动。

➢ 多段线：与直线和圆弧类似，但多段线两端的宽度、切线方向及曲线拟合信息均不变。

➢ 其他对象：如果其定义点位于选择窗口内，对象可移动，否则不动。

【例 5-11】　如图 5-21a 所示，对图形右半部分进行拉伸，得到如图 5-21b 所示的图形。

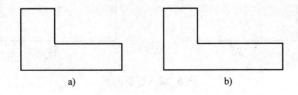

　　　　　a)　　　　　　　　　　　　　　　b)

图 5-21　拉伸图形

操作步骤如下：

单击【拉伸】按钮或执行 STRETCH 命令，AutoCAD 提示如下：

命令：_ stretch

以交叉窗口或交叉多边形选择要拉伸的对象

选择对象：指定对角点：找到 1 个（框选右半边矩形）

选择对象：　（按 < Enter > 键，结束对象选择）

指定基点或［位移（D）］< 位移 >：（选择右半边矩形的顶点或边，并向右移动后单击放置）

指定第二个点或 < 使用第一个点作为位移 >：

5.10　打断图形

打断图形指将直线、多段线、射线、样条曲线、圆和圆弧等对象分成两个对象或删除对象中的一部分，可以通过以下三种方法来进行打断操作：

➢ 命令行：输入 BREAK。

➢ 菜单栏：单击【修改】→【打断】。

➢ 工具栏：单击【打断】按钮。

命令行提示如下：

命令：_ break

选择对象：（选择第一个打断点）

指定第二个打断点或［第一点（F）］：（选择第二个打断点）

当选择【第一点（F）】命令时，可以重新确定第一个断点。默认情况下，以选择对象时的拾取点作为第一个断点，然后再指定第二个断点。如果直接选取对象上的另一点或者在对象的一端之外拾取一点，这时将删除对象上位于两个拾取点之间的部分。在确定第二个打断点时，如果在命令行输入@，可以使第一个和第二个断点重合，从而将对象一分为二。如果对圆、矩形等封闭图形使用打断命令时，AutoCAD 2012 将沿逆时针方向把第一断点至第二断点之间的线段删除。

【例5-12】 如图5-22a 所示，对矩形最上面的横线进行打断，得到如图5-22b 所示的图形。

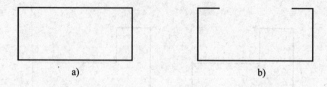

a)　　　　　　　　　　　　　b)

图 5-22　打断图形

操作步骤如下：

单击【打断】按钮□或执行 BREAK 命令，AutoCAD 2012 提示如下：

命令：_ break

选择对象：（选择第一个打断点）

指定第二个打断点或［第一点（F）］：（选择第二个打断点）

5.11　合并图形

合并图形指将某一连续图形上的两个部分连接起来，或者将某段圆弧闭合为整圆。可以通过以下三种方法来进行合并操作：

➢ 命令行：输入 JOIN。

➢ 菜单栏：单击【修改】→【修改】。

➢ 工具栏：单击【合并】╫按钮。

命令行将显示如下提示信息：

命令：_ join

选择圆弧，以合并到源或进行［闭合（L）］：

选择需要合并的另一部分对象，按＜Enter＞键，即可将这些对象合并（注意方向）。如果选择【闭合（L）】命令，表示可以将选择的任意一段圆弧闭合为一个整圆。

【例5-13】 如图5-23a 所示，对在同一个圆上的两段圆弧进行合并后，得到如图5-23c 所示的图形。

操作步骤如下：

单击【合并】按钮╫或执行 JOIN 命令，AutoCAD 2012 提示如下：

命令：_ join

选择源对象或要一次合并的多个对象：找到 1 个

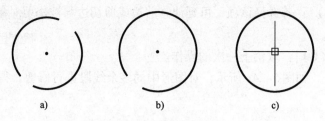

图 5-23　合并图形

选择要合并的对象：找到 1 个，总计 2 个（选择两段圆弧）

选择要合并的对象：　（按＜Enter＞键，结束对象选择）

2 条圆弧已合并为 1 条圆弧，如图 5-23b 所示，继续执行命令，AutoCAD 2012 提示如下：

命令：_ join（再次合并）

选择源对象或要一次合并的多个对象：找到 1 个（选择图 5-23b 中的圆弧）

选择要合并的对象：　（按＜Enter＞键，结束对象选择）

选择圆弧，以合并到源或进行 ［闭合 (L)］：　L（选择闭合，即可将圆弧转换成圆）

5.12　修剪图形

修剪图形指将超出边界的线条去除，被修剪的对象可以是直线、圆、圆弧、多段线、样条曲线、射线和构造线等。可以通过以下三种方法来进行修剪操作：

➢ 命令行：输入 TRIM。

➢ 菜单栏：单击【修改】→【修剪】。

➢ 工具栏：单击【修剪】✚按钮。

命令行将显示如下提示信息：

命令：_ trim

选择剪切边（可选多个对象）（按＜Enter＞键为全部选择）

选择对象：找到 1 个

选择对象（按＜Enter＞键，结束对象选择）

选择要修剪的对象，或按住＜Shift＞键选择要延伸的对象，或

［栏选 (F) →窗交 (C) →投影 (P) →边 (E) →删除 (R) →放弃 (U)］：＊取消＊

在 AutoCAD 2012 中，可作为剪切的对象有直线、圆及圆弧、椭圆及椭圆弧、多段线、样条曲线、构造线、射线以及文字等。剪切边也同时是被剪切边。选择要修剪对象，系统将以剪切边为界，将被剪切对象上位于拾取点一侧的部分剪切掉。

其他命令功能为：

➢［投影 (P)］：可以指定执行修剪的空间，修剪三维空间的两个对象时，可将对象投影到一个平面上执行修剪操作。

➢ [边（E）]：若选择该项，可延伸修剪边或剪切边与被修剪对象真正相交时，才能进行修剪。

➢ [放弃（U）]：取消上一次的操作。

【例 5-14】　如图 5-24a 所示，对图形中的多余线段进行修剪，得到如图 5-24b 所示的图形。

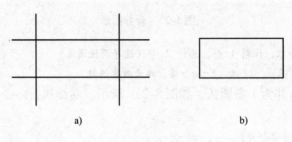

　　　　　　　　　a)　　　　　　　　　　　　　　b)

图 5-24　修剪图形

操作步骤如下：

单击【修剪】按钮 / 或执行 TRIM 命令，AutoCAD 2012 提示如下：

命令：_ trim

当前设置：投影 = UCS，边 = 无

选择剪切边

选择对象或 < 全部选择 >：　　（按 < Enter > 键默认选择全部）

选择要修剪的对象，或按住 < Shift > 键选择要延伸的对象，或

[栏选（F）→窗交（C）→投影（P）→边（E）→删除（R）→放弃（U）]：（依次选择图形中的多余线段，按 < Enter > 键结束）

5.13　延伸图形

延伸图形指将指定的对象与另一个对象相交或外观相交。可以通过以下三种方法来进行延伸操作：

➢ 命令行：输入 EXTEND。

➢ 菜单栏：单击【修改】→【延伸】。

➢ 工具栏：单击【延伸】 / 按钮。

延伸命令位于修剪命令的菜单栏中，如图 5-25 所示。使用方法也与修剪命令的使用方法相似，区别是使用延伸命令时，如果按下 < Shift > 键的同时选择对象，则执行修剪命令；使用修剪命令时，如果按下 < Shift > 键的同时选择对象，则执行延伸命令。

【例 5-15】　如图 5-26a 所示，对矩形中的横线进行延

图 5-25　修剪/延伸
　　命令菜单栏

伸，得到如图 5-26b 所示的图形。

操作步骤如下：

单击【延伸】按钮  或执行 EXTEND 命令，AutoCAD 2012 提示如下：

图 5-26　延伸图形

命令：_ extend

当前设置：投影 = UCS，边 = 无

选择边界的边

选择对象或 < 全部选择 > ：　找到 1 线段（选择图形）

选择对象：　（按 < Enter > 键，结束对象选择）

选择要延伸的对象，或按住 < Shift > 键选择要修剪的对象 2，或

[栏选（F）→ 窗交（C）→ 投影（P）→ 边（E）→ 放弃（U）]：（选择矩形的上横线 2）

5.14　典型实例

利用二维图形编辑命令，可以实现对绘图对象进行选择、修改编辑，提高绘图质量和效率。在绘图过程中，针对具体图形选择合适的操作命令可以更快捷地完成绘图。接下来以两个实例进一步加强编辑命令的练习。

【例 5-16】　利用二维绘图编辑命令绘制如图 5-27 所示图形，绘制一个直径为 100 的大圆和 6 个均匀分布在大圆上的小圆，直径为 20（不标注尺寸）。

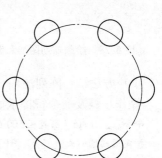

这是一个对称图形，6 个小圆孔均匀分布。可采用一般绘图法、复制法、镜像法和阵列法等方法绘制。

（1）方法一：复制法

图 5-27　例 5-16 图

操作步骤及命令行提示如下：

命令：_ circle（画直径为 100 的大圆）

指定圆的圆心或 [三点（3P）→ 两点（2P）→ 切点、切点、半径（T）]：0，0（按 < Enter > 键）

指定圆的半径或 [直径（D）]：50（按 Enter > 键）

命令：_ polygon

输入侧面数 < 4 > ：6　　（按 < Enter > 键，画一个辅助的六边形）

指定正多边形的中心点或 [边（E）]：0，0（按 < Enter > 键）

输入命令 [内接于圆（I）→ 外切于圆（C）] < I > ：　　（按 < Enter > 键）

指定圆的半径：50　　（按 < Enter > 键）

命令：_ circle（在六边形右角上画小圆）

指定圆的圆心或 [三点（3P）→ 两点（2P）→ 切点、切点、半径（T）]：50，0　　（按

<Enter>键)

指定圆的半径或〔直径（D）〕<50.0000>：10　　（按<Enter>键，如图5-28所示）

命令：_ copy（激活复制命令）

选择对象：找到 1 个（选择已经画好的小圆）

选择对象：　（按<Enter>键）

当前设置：　复制模式=多个

指定基点或〔位移（D）→模式（O）〕<位移>：（选择已有小圆的圆心）

指定第二个点或〔阵列（A）〕<使用第一个点作为位移>：（依次选择辅助六边形的其余五个角）

指定第二个点或〔阵列（A）→退出（E）→放弃（U）〕<退出>：　（按<Enter>键，如图5-29所示）

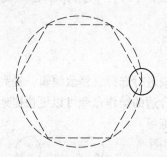　　　　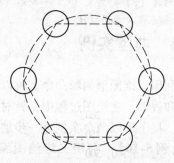

图5-28　绘制辅助图形和源对象　　　　图5-29　复制对象

（2）方法二：阵列法

操作步骤及命令行提示如下：

命令：_ circle（画直径100的大圆）

指定圆的圆心或〔三点（3P）→两点（2P）→切点、切点、半径（T）〕：0，0　　（按<Enter>键）

指定圆的半径或〔直径（D）〕：50　　（按<Enter>键）

命令：_ circle（画小圆）

指定圆的圆心或〔三点（3P）→两点（2P）→切点、切点、半径（T）〕：50，0　　（按<Enter>键）

指定圆的半径或〔直径（D）〕<50.0000>：10　　（按<Enter>键，如图5-30所示）

命令：_ arraypolar（激活环形阵列命令）

选择对象：找到 1 个（选择小圆）

选择对象：　（按<Enter>键）

类型=极轴　关联=是

指定阵列的中心点或〔基点（B）→旋转轴（A）〕：（选择大圆中心作为环形阵列的中心）

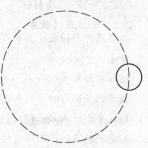

图5-30　绘制源对象

输入项目数或〔项目间角度（A）→表达式（E）〕<4>：

6（小圆总数为6个）

指定填充角度（ + = 逆时针、 – = 顺时针）或［表达式（EX）］＜360＞：（填充角度为默认值360°）

按＜Enter＞键接受或［关联（AS）→基点（B）→项目（I）→项目间角度（A）→填充角度（F）→行（ROW）→层（L）→旋转项目（ROT）→退出（X）］＜退出＞：（按＜Enter＞键，如图5-27所示）

【例5-17】　利用二维绘图编辑命令绘制如图5-31所示的图形（不标注尺寸）。

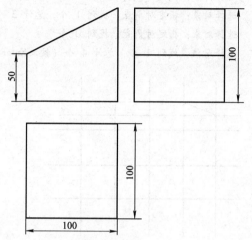

操作步骤及命令行提示如下：

命令：_ xline

指定点或［水平（H）→垂直（V）→角度（A）→二等分（B）→偏移（O）］：h（按＜Enter＞键，绘制所有水平构造线）

指定通过点：0，0　　（按＜Enter＞键）

指定通过点：0，100　（按＜Enter＞键）

指定通过点：0，200　（按＜Enter＞键）

指定通过点：0，250　（按＜Enter＞键）

指定通过点：0，300　（按＜Enter＞键）

指定通过点：＊取消＊

图 5-31　例 5-17 图

命令：_ xline

指定点或［水平（H）→垂直（V）→角度（A）→二等分（B）→偏移（O）］：v　（按＜Enter＞键，绘制所有垂直构造线）

指定通过点：0，0　　（按＜Enter＞键）

指定通过点：100，0　（按＜Enter＞键）

指定通过点：200，0　（按＜Enter＞键）

指定通过点：300，0　（按＜Enter＞键）

指定通过点：＊取消＊

命令：_ line

指定第一点：（绘制斜线）

指定下一点或［放弃（U）］：

指定下一点或［放弃（U）］：＊取消＊（如图5-32所示）

命令：_ trim（激活修剪命令）

当前设置：投影 = UCS，边 = 无

选择剪切边

选择对象或＜全部选择＞：　找到 1 个（选择全部图形）

选择对象：

选择要修剪的对象，或按住＜Shift＞键选择要延伸的对象，或

［栏选（F）→窗交（C）→投影（P）→边（E）→删除（R）→放弃（U）］：（依次选择

多余直线)

选择要修剪的对象，或按住<Shift>键选择要延伸的对象，或

[栏选（F）→窗交（C）→投影（P）→边（E）→删除（R）→放弃（U）]：　＊取消＊

命令：_ erase（激活删除命令）

选择对象：找到 1 个

选择对象：找到 1 个，总计 2 个

选择对象：指定对角点：找到 1 个，总计 3 个

选择对象：指定对角点：找到 0 个

选择对象：找到 1 个，总计 4 个（按<Enter>键，删除多余的直线，如图 5-33 所示）

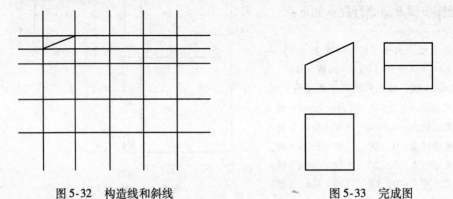

图 5-32　构造线和斜线　　　　　　　　　　图 5-33　完成图

习　题

1. 绘制如图 5-34 所示的图形（不标尺寸，暂用实线表示中心线等线型）。

2. 绘制如图 5-35 所示的图形（不标尺寸）。

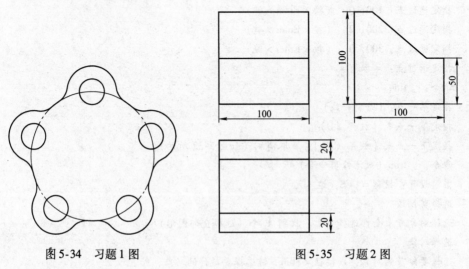

图 5-34　习题 1 图　　　　　　　　　　图 5-35　习题 2 图

第6章　图案填充与编辑

在绘制机械剖面图和剖视图时，常常需要对剖面进行图案填充。在对剖面进行填充时，首先应确定填充边界，然后设置填充参数，包括填充图案、填充比例和填充角度等，如果对设置的填充参数不满意，还可以进行编辑。

6.1　图案填充的基本概念

在机械图、建筑图上，要画出剖视图、断面图，就得在剖面图和断面图上填充图案，如图6-1所示。

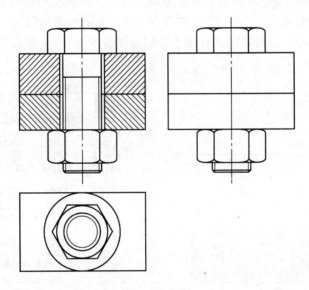

图6-1　填充图案示例

AutoCAD 2012 提供了图案的填充功能，方便灵活，可快速地完成图案填充。有以下三种操作方式：

　　➤命令行：输入 HATCH。

　　➤菜单栏：单击【绘图】→【图案填充】。

　　➤工具栏：单击【图案填充】█按钮。

打开【图案填充创建】菜单，如图6-2所示。

图 6-2　【图案填充创建】菜单

6.2　图案属性

1. 【图案】命令

在【图案填充创建】菜单的【图案】命令中列出了所有可用的图案，如图 6-3 所示。打开菜单栏，通过拖动滚动条可以看到更多的图案，如图 6-4 所示，可以使用填充图案、实体填充或渐变填充来填充封闭区域或选定对象。AutoCAD 2012 提供实体填充以及 50 多种行业标准填充图案。可以使用它们来区分对象的部件或表现对象的材质，还提供了 14 种符合 ISO（国际标准化组织）标准的填充图案。在这些图案中，比较常用的有用于绘制剖面线的 ANSI31 样式和用于单色填充的 SOLID 样式等。

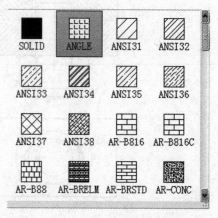

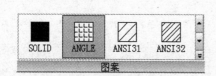

图 6-3　【图案】命令　　　　　　　　　图 6-4　【图案】菜单栏

2. 【特性】命令

在【特性】命令中，打开的【图案填充类型】命令■右侧菜单栏，如图 6-5 所示，它用来设置填充的图案类型。在下拉列表中包含：实体、渐变色、图案、用户定义 4 个项目。图中为选择【用户定义】时，左侧【图案】命令对应显示 USER 用户的自定义图案。

在【特性】命令中还可以对图案的透明度、颜色等属性进行设置，如图 6-6 所示。图案填充颜色使用填充图案和实体填充的指定颜色替代当前颜色。背景色为新图案填充对象指定背景色。选择"无"可关闭背景色。图案填充透明度及图案

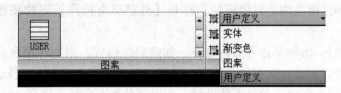

图 6-5 【图案填充类型】命令

填充角度均可通过横向滚动条拖动，也可以直接输入。图案填充比例设置填充图案的比例大小，可以单击上、下按钮调整其值，也可以直接输入。

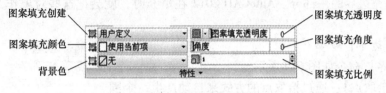

图 6-6 【特性】命令

3. 【原点】命令

图案填充原点控制填充图案生成的起始位置，如图 6-7 所示为【原点】命令。某些图案填充（例如砖块图案）需要与图案填充边界上的一点对齐。默认情况下，所有图案填充原点都对应于当前的 UCS 原点。

图 6-7 【原点】命令

【使用当前原点】：可以使用当前 UCS 的原点（0，0）作为图案填充原点。【指定的原点】：可以通过指定点作为图案填充原点。

其中，单击【设定原点】按钮，可以从绘图窗口中选择某一点作为图案填充原点；另外，还可以以填充边界的左下角、右下角、右上角、左上角或圆心作为图案填充原点；选择【存储为默认原点】复选框，可以将指定的点存储为默认的图案填充原点。

4. 【选项】命令

【选项】命令如图 6-8 所示。

1) 【关联】关联时，一旦区域填充边界被修改，该填充图案也随之被更新；不关联时，填充图案将独立于它的边界，不会随着边界的改变而更新。

【创建独立的图案填充】复选框用于创建独立的图案填充。

2) 【设置孤岛】。单击"选项"按钮的下拉箭头，将显示更多命令，如【设置孤岛】和【边界】等。孤

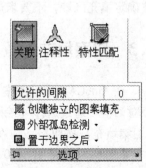

图 6-8 【选项】命令

岛即位于选择范围之内的封闭区域。打开【外部孤岛检测】下拉按钮，有 4 种样式供选择。

①【普通】：由外部边界向内填充。如遇到岛边界，则断开填充直到碰到内部的另一个岛边界为止。对于嵌套的岛，采用填充与不填充的方式交替进行。

②【外部】：仅填充最外部的区域，而内部的所有岛都不填充，该项为默认项。

③【忽略】：忽略所有边界的对象，直接进行填充。

④【无】：关闭填充。

对于文本、尺寸标注等特殊对象，在确定填充边界时也选择了它们，可以将它们作为填充边界的一部分。AutoCAD 2012 在填充时，就会把这些对象作为孤岛而断开。

5.【边界】命令

【边界】命令如图 6-9 所示。

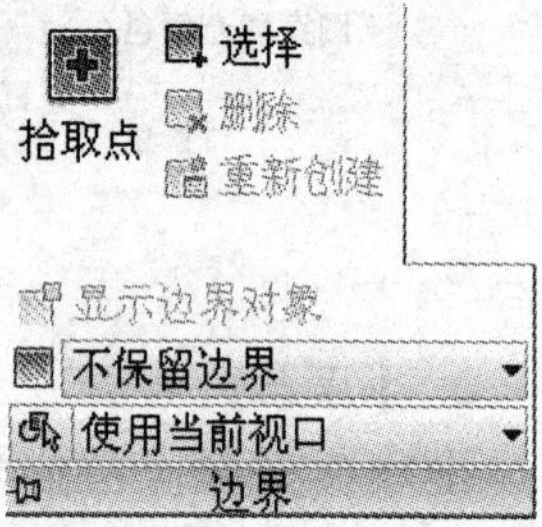

➤【拾取点】：通过拾取点的方式来自动产生一个围绕该拾取点的边界。单击【拾取点】按钮，在绘图区中每一个需要填充的区域内单击，即可确定需要填充的区域。

➤【选择对象】：通过选择对象的方式来产生一个封闭的填充边界。图案填充边界可以是形成封闭区域的任意对象的组合，如直线、圆、圆弧和多段线。单击【选择对象】按钮在绘图区中选择组成填充区域边界，即可确定需要填充的区域。

图 6-9　【边界】命令

➤【删除】：单击该按钮可以取消系统自动计算或用户指定的孤岛。

➤【重新创建】：重新创建按钮填充边界。

➤【保留边界】：设置是否将边界保留为对象，以及保留的类型，类型包括：多段线、面域。

注意：用【拾取点】确定填充边界，要求其边界必须是封闭的。否则 AutoCAD 2012 将提示出错信息，显示未找到有效的图案填充边界。通过选择边界的方法确定填充区域，不要求边界完全封闭。

6.3　图案填充

在 AutoCAD 中，图案填充是在【图案填充和渐变色】对话框中进行的，打开该对话框可通过选择【绘图】→【图案填充】命令，或单击"绘图"工具栏中的【图案填充】按钮，或在命令行中执行 BHATCH 命令。

【例 6-1】　将图 6-10 所示的圆形填充剖面线。

操作步骤如下：

1）单击工具栏中的【图案填充】按钮，或执行 HATCH 命令。

2）在【图案】命令中选择"ANSI31"。

3）单击【边界】命令中的【拾取点】■■按钮，在圆形内部任一点单击。按 < Esc > 键退出，如图 6-11 所示。

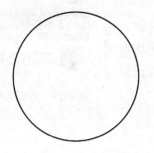
图 6-10　圆形

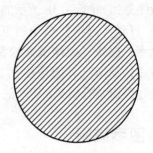
图 6-11　填充结果

除拾取点外，还可以用选择边界对象的方法进行填充。以下为方法二的操作步骤：

1）单击工具栏中的【图案填充】■■按钮，或执行 HATCH 命令。

2）在【图案】命令中选择"ANSI31"。

3）单击【边界】命令中的【选择】■■按钮，选择圆形。按 < Esc > 键退出。

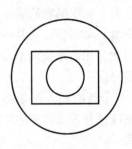
图 6-12　已有图形

【例 6-2】　将图 6-12 所示的图形填充剖面线，分别得到图 6-13 所示的三种填充结果。

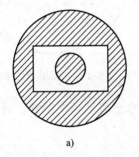
a)

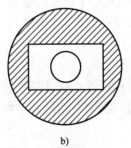
b)

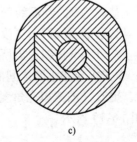
c)

图 6-13　填充结果

操作步骤如下：

1）单击工具栏中的【图案填充】■■按钮，或执行 HATCH 命令。

2）打开【选项】命令的下拉窗口，并打开【孤岛检测】命令，选择【普通孤岛检测】，如图 6-14 所示。单击【独立的图案填充】按钮，选择已有图形中的大圆和长方形之间任意一点。最终得到如图 6-13a 所示的填充结果。

3）打开【选项】命令的下拉窗口，并打开【孤岛检测】命令，选择【外部孤岛检测】。单击【独立的图案填充】按钮，选择已有图形中的大圆和长方形之间任意一点。最终得到如图 6-13b 所示的填充结果。

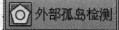

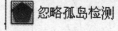

4）打开【选项】命令的下拉窗口，并打开【孤岛检测】命令，选择【忽略孤岛检测】。单击【独立的图案填充】按钮，选择已有图形中的大圆和长方形之间任意一点。最终得到如图 6-13c 所示的填充结果。

图 6-14　【孤岛检测】

6.4　图案编辑

为图形创建填充图案后，如果对填充的效果不满意，可以对其进行编辑，其方法为：在需编辑的填充区单击鼠标右键，选中【图案填充编辑】，弹出【图案填充编辑】对话框，在其中对填充比例、旋转角度和填充图案等进行设置（设置方法与在【图案填充和渐变色】对话框中的方法完全相同），然后单击【　确定　】按钮即可。

【例 6-3】　对如图 6-13c 所示的图形（图中剖面线是分 3 次填充的）编辑剖面线，结果如图 6-15 所示。

操作步骤如下：

1）直接单击其中一个剖面线，出现【图案填充编辑器】。在【特性】命令中，将【填充图案比例】从 1 修改为 2，剖面线间距将增加。用同样的方法，对其余剖面线进行更改。

2）按 < Esc > 按钮退出所有选择。

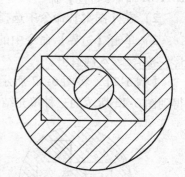

图 6-15　剖面线编辑结果

3）单击矩形和小圆之间的剖面线，在【特性】命令中，更改【图案填充角度】值为 90 或通过拖动水平滚动条来调整。最后完成结果如图 6-15 所示。

6.5　典型实例

【例 6-4】　将如图 6-16 所示的图形修改成剖视图，结果如图 6-17 所示。

操作步骤如下：

1）将主视图中的图层更改到"粗实线"图层。

2）单击工具栏中的【图案填充】按钮，或执行 HATCH 命令。

3）在【图案】命令中选择"ANSI31"。

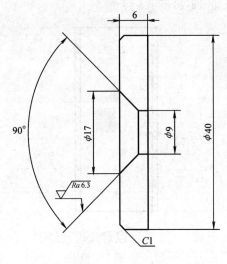

图 6-16　已有图形　　　　　　　　　　图 6-17　修改后的剖视图

4）单击【边界】命令中的拾取点按钮▨，在需画剖面线的部分内单击。

5）在【特性】命令中，对【填充图案比例】数值进行调整，使剖面线间距合适。

习　题

1. 绘制如图 6-18 所示的螺栓装配图，注意剖面线的角度。

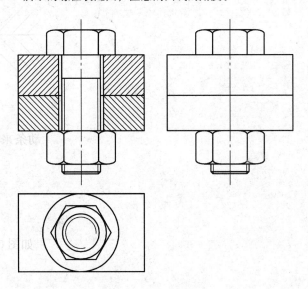

图 6-18　螺栓装配图

2. 将如图 6-19 所示的图形修改成剖视图，结果如图 6-20 所示。

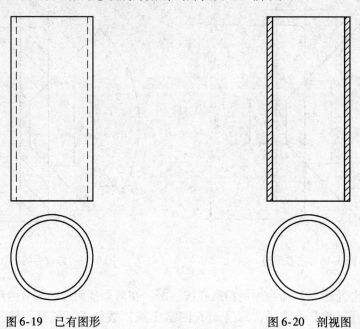

图 6-19　已有图形　　　　　　　　图 6-20　剖视图

第 7 章　图块的操作

在绘制机械图形时，常常有大量需要重复绘制的图形，为了提高绘图效率，可以先绘制一个图形并将其定义为图块，然后插入到指定的位置，这样就避免了重复绘制，大大提高了工作效率。

7.1　定义图块属性

为表示零件的表面结构要求，除了线条图形外，还应在该图形上注写表面结构参数和数值、加工方法、表面纹理方向、加工余量等内容。针对各参数在图形中的注写位置，国家标准均有明确的规定，最常见的是标注表面结构参数和数值，其他参数按默认值可不标出。利用 AutoCAD 2012 的属性定义功能，在创建块之前，可将需要注写的与块相关的参数定义成块的属性。可采用以下三种方法执行【属性定义】命令。

➢ 命令：输入 attdef 或 att。

➢ 菜单栏：单击【绘图】→【块】→【定义属性】。

➢ 工具栏：单击【定义属性】 按钮。

执行命令后，系统弹出【属性定义】对话框，如图 7-1 所示。其中各命令含义说明如下。

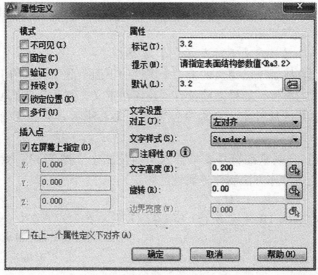

图 7-1　【属性定义】对话框

1. 【模式】选项组

1)【不可见】复选框：若选中此命令，属性值在块插入完成后不被显示和打印出来。

2)【验证】复选框：若选中此命令，在插入块时，将提示验证属性值是否正确。

3)【固定】复选框：若选中此命令，在插入块时给属性赋予固定值。

4)【预设】复选框：若选中此命令，插入包含预置属性值的块时，将属性设置为默认值。

5)【锁定位置】复选框：若选中此命令，锁定块参照中属性的位置。

6)【多行】复选框：指定属性值可以包含多行文字。

2. 【属性】选项组

1)【标记（T）】文本框：用于标识图形中每次出现的属性。在定义带属性的块时，属性标记作为属性标识和图形对象一起构成块的被选对象。当同一个块中包含多个属性时，每个属性都必须有唯一的标记，不可重名。属性标记在块被插入后被属性值取代。

2)【提示（M）】文本框：用于指定在插入包含该属性定义的块时显示的提示信息。如果不输入提示，系统将自动以属性标记用作提示。

3)【默认（L）】文本框：用于指定默认属性值。

3. 【文字设置】选项组

用于设置属性文字的对正、样式、注释性、文字高度、旋转角度等。

4. 【插入点】选项组

用于为属性指定位置，一般选择【在屏幕上指定】方式（图7-2），同时在退出该对话框后用鼠标在图形上指定属性文字的插入点定位。在指定插入点时应注意与属性文字的对正方式相适应。

5. 【在上一个属性定义下对齐（A）】复选框

将属性标记直接置于已定义的上一个属性的下面。此项只适用于多个属性定义的第2个及以后的属性，如果之前没有创建属性定义，则此命令不可用。

表面结构参数的属性定义各命令设置如图7-1所示，单击【确定】按钮退出对话框。

【练习实例】自制基准符号图块插入至新建图中（图7-3）。要求插入过程如下所示（按照上述操作方法制作带属性的图块）：

```
命令：Insert    （按＜Enter＞键）                              //执行 Insert 命令
指定插入点或［基点（B）→比例（S）→旋转：（R）］//在绘图区中拾取一点作为图块的插入点
输入属性值                                              //系统提示指定图块属性值
请输入基准符＜A＞：C    （按＜Enter＞键）                //输入 C 并按＜Enter＞键
```

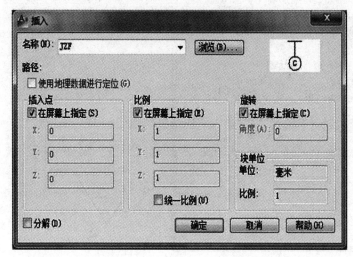

图 7-2 【插入】对话框

图 7-3 基准符号

7.2 图块的定义

定义了相关的属性后，可以采用以下三种方法来定义块。

➢ 命令：输入 block。

➢ 菜单栏：单击【绘图】→【块】→【创建】。

➢ 工具栏：单击【创建】 按钮。

执行命令后，系统弹出如图 7-4 所示的【块定义】对话框。操作步骤如下：

1）在【名称】选项组下的文本框中输入块的名称。用户定义的每一个块都要有一个块名称，以便管理和调用。可将此块命名为"表面结构"。

2）指定块的基点。单击【基点】选项组的【拾取点】按钮，此时对话框暂时关闭，在绘图区中的块图形中指定插入块时用于定位的点，如图 7-5 所示。指定基点后系统返回【块定义】对话框。

3）选择对象。单击【对象】选项组的【选择对象】按钮，此时对话框暂时关闭，在绘图区中选择构成块的图形对象和属性定义，此处应选择图 7-5 中的图形和【参数值】属性定义，选择对象后按 < Enter > 键返回对话框。该选项组还有以下 3 个命令：

①【保留】单选按钮：选择此项，在完成块定义操作后，图形中仍保留构成块的对象。

②【转换为块】单选按钮：选择此项，在完成块定义操作后，构成块的对象转换成一个块。

③【删除】单选按钮：选择此项，在完成块定义操作后，构成块的对象被删除。

以上 3 个命令可根据实际需要灵活选择。

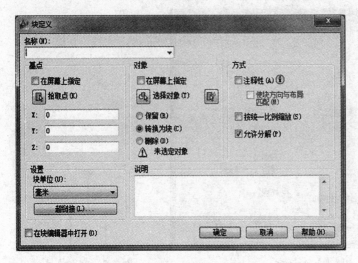

图 7-4　【块定义】对话框　　　　　　　图 7-5　块的基点

4）对话框中的其他命令含义如下：

①【按统一比例缩放】复选框：选中此项，则在插入块时将强制在 X、Y、Z、三个方向上采用相同的比例缩放。一般不选中此项。

②【允许分解】复选框：指定插入的块是否允许被分解。一般应选中此项。

7.3　图块的存储和调用

7.3.1　块的存储

在实际绘图工作中，经常要频繁使用同类图形，如螺栓、螺母、轴承等标准件。为提高绘图工作效率，人们常根据不同的用途，按不同类别建立一些图形库，将常用图形存储在相应的图形库中，需要时直接调用。可采用多种方法建立图形库，其中最简单常用的方法是通过块来实现。采用 block 命令定义的块，通常称为"内部块"，只能由块所在的图形使用，不能直接被其他图形调用（可通过 Auto-CAD 设计中心调用）。使用 wblock 命令，可以创建独立的图形文件，通常称为"外部块"，用于作为块插入到其他图形中，独立的图形文件更易于创建和管理，将其存储于相应的文件夹中，更便于需要时调用。

使用 wblock 命令，打开【写块】对话框，如图 7-6 所示。对话框中各命令的含义如下。

1）在对话框的【源】选项组中，有以下 3 个单选框。

①【块】单选框：选择此项，在右侧下拉列表框中选择已定义的块，可将选择的块存储到外部文件中。

图 7-6　【写块】对话框

②【整个图形】单选框：选择此项，可将整个图形作为块存储到外部文件中。

③【对象】单选框：选择此项，可选择图形中的对象来作为块存储到外部文件中。选择此项后，【基点】和【对象】选项组才可用。

2）【基点】选项组：用于指定块的基点，单击【拾取点】按钮，在绘图区的图形中指定。

3）【对象】选项组：用于指定要用于创建外部块的对象。单击【选择对象】按钮，在绘图区中选择对象。该选项组中的其他命令与【块定义】对话框中的含义相同。

4）【目标】选项组中的【文件名和路径】下的文本框用于设定块的名称和存储路径。单击右侧的 按钮，可选择存储的路径。

5）【插入单位】下拉列表框用于设置块插入时的单位。

7.3.2　块的调用

有经验的设计人员通常会建立自己的图形库，按照不同的用途分类，采用存储块的方法将常用图形存储于相应的目录里，需要时采用插入块的方法即可方便地调用。以调用前面所定义的"螺栓"图块为例，操作方法如下：在绘图中需要用到螺栓图时，采用插入命令 insert，激活命令后，AutoCAD 2012 弹出如图 7-7 所示的【插入】对话框，首次在此图形文件中使用"螺栓"图块时，在【名称】下拉列表中找不到"螺栓"图块，单击该栏右侧的【浏览】按钮，打开【选择图形文件】对话框，找到图形库中存储该图块的目录，从中选择"螺栓"图块。

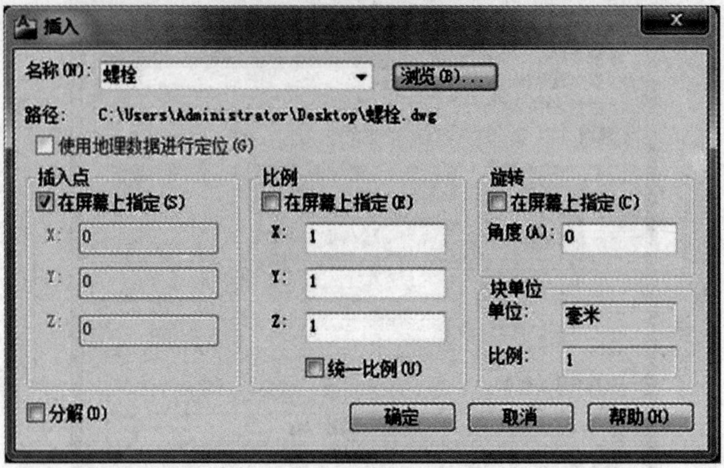

图 7-7　【插入】对话框

7.4　插入图块

在定义了块之后，当需要时即可利用【插入块】命令插入已定义的块，可通过以下三种方法使用该命令。

➤ 命令：输入 insert。

➤ 菜单栏：单击【插入】→【块】。

➤ 工具栏：单击【插入块】🔲 按钮。

执行命令后，AutoCAD 弹出【插入】对话框，如图 7-8 所示。在【名称】下拉列表框中选择所需要的图块，这里选择已定义的"表面结构"图块；在【插入点】选项组中选中【在屏幕上指定】复选框，表示将在屏幕上通过指定的方式确定块的插入位置；在【比例】选项组中，【在屏幕上指定】复选框不选，采用 1∶1 的比例；在【旋转】选项组中，【在屏幕上指定】复选框不选，在【角度】文本框中根据需要输入块插入时的旋转角度。单击【确定】按钮，AutoCAD 关闭对话框，同时提示：

指定插入点或 ［基点（B）→比例（S）→X→Y→Z→旋转（R）］：

在图形中需要插入图块的位置指定点，可捕捉轮廓线或指引线上的点，Auto-CAD 2012 继续提示：

输入属性值：

请指定表面结构参数值 <Ra3.2>：（按要求输入参数值）

按 < Enter > 键直接采用默认值或输入新的参数值，完成一个图块的插入。

图 7-8　【插入】对话框

7.5　设计中心、查询及其他辅助功能

通过设计中心，可以方便地重复利用和共享图形。如浏览不同的源图形，查看图形文件中对象的定义并将定义插入、附着或粘贴到当前图形中，将图形文件或光栅文件拖到绘图区域中打开图形或查看、附着图像等。

查询包括对象的大小、位置、特性的查询，时间、状态查询，等分线段或定距分线段查询等。通过适当的查询命令，可以了解两点之间的距离，某直线的长度，某区域的面积，识别点的坐标，图形编辑的时间等。

变量是 AutoCAD 2012 的重要工具。事实上，变量影响到整个系统的工作方式和工作环境。很多的命令执行后会修改系统变量，同时，使用本章介绍的 SETVAR 命令可以直接查询或修改系统变量。直接输入系统变量名也可以显示该变量的值并可以修改。

同时 AutoCAD 2012 中文版还提供了诸如计算器、重命名、修复图形数据，清除图形不用的块、层、文字样式、尺寸样式等辅助工具。

本章简要介绍设计中心的功能、用法以及查询命令和部分辅助功能。

7.5.1　设计中心简介

在设计中心中，可以重复使用图形中的块、图层定义、尺寸样式和文字样式、外部参照、布局、光栅图像以及用户自定义的内容。

7.5.2 【设计中心】对话框

使用设计中心时，基本上全在【设计中心】对话框中进行。要使用设计中心，必须首先了解该对话框中各部分的功能和使用方法。

➢ 命令行：输入 ADCENTER（打开设计中心）。

　　　　　输入 ADCCLOSE（关闭设计中心）。

➢ 菜单栏：单击【工具】→【选项板】→【设计中心】。

➢ 组合键：按 < Ctrl + 2 > 按钮。

单击【设计中心】按钮。执行该命令后，弹出如图 7-9 所示的【设计中心】对话框，其上有一排按钮，含义如下：

1)【加载】：显示【加载】对话框，以便加载各种格式的图像、图形等。

2)【上一页】 ← ·：返回到上一页。

3)【下一页】 → ·：回到下一页，只有在使用过【上一页】命令后才有效。

4)【上一级】：回到上一级目录。

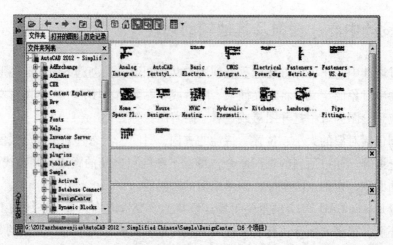

图 7-9　【设计中心】对话框

5)【搜索】：弹出【搜索】对话框，按照设定的条件搜索图形、层、块、外部参照文本样式等各种设计中心可使用的对象。

6)【收藏夹】：控制板中将显示 Autodesk Favorites 文件夹内容，树状视图将在桌面视图中显示加亮文件夹。

7)【主页】：打开主页以提供设计中心需要的资源。

8)【树状视图切换】：显示和隐藏树状视图。如果在绘图区域中需要更多空间，可以隐藏树状视图。可以使用控制板控制定位容器并加载内容。

9)【预览】▣：显示控制板底部选定项目的预览图像。如果选定项目没有保存预览图像，【预览】区域是空的。

10)【说明】▣：显示控制板底部选定项目的文字说明。如果同时显示预览图像，文字说明将位于预览图像下面。

11)【视图】▦▾：为加载到控制板中的内容提供不同的显示格式。可以从【视图】列表中选择一种视图，或者单击【视图】按钮在各种显示格式之间循环切换。默认视图根据加载到控制板中当前内容的类型不同而有所不同，分为以下几种。

① 大图标——以大图标格式显示加载内容的名称。

② 小图标——以小图标格式显示加载内容的名称。

③ 列表——以列表形式显示加载内容的名称。

④ 详细信息——显示加载内容的详细信息。根据加载到控制板中内容的不同类型，可以将项目按名称、大小、类型或其他特性进行排列。

在上面介绍的这排按钮下方有【树状视图】、【控制板】、【预览】和【说明】4 个区。

12)【树状视图】（容器）：左侧显示【树状视图】，即容器。容器可以是含有 AutoCAD 设计中心能够访问信息的任何单元，例如磁盘、文件夹、文件或 URL。

13)【控制板】：对话框右侧上部为【控制板】。【控制板】显示以下内容：含有图形或其他文件的文件夹、图形、图形中的对象（如块、外部参照、布局、图层、标注样式和文字样式等）、图像、基于 Web 的内容、由第三方开发的自定义内容。单击窗口顶部的工具栏按钮可以访问【控制板】命令。还可以通过在【控制板】上单击鼠标右键，然后从快捷菜单中访问所有【控制板】和【树状视图】命令。

14)【预览】：显示所选图形的预览图像。如果没有则为空，如果【预览】按钮弹起，则没有该区域。

15)【说明】：显示内容区域窗格中选定项目的文字说明。如果【说明】按钮弹起，则没有该区域。

7.5.3　设计中心功能简介

利用设计中心，可以直接打开图形、浏览图形、将图形作为块插入到当前图形文件中、将图形附着为外部参照或直接复制等。以上功能，一般通过快捷菜单完成，但像插入成块或附着为外部参照等也可以用鼠标拖放来完成。

1. 快捷菜单

当在控制板中选中某图形文件后，单击鼠标右键即弹出如图 7-10 所示的设计中心图形快捷菜单。

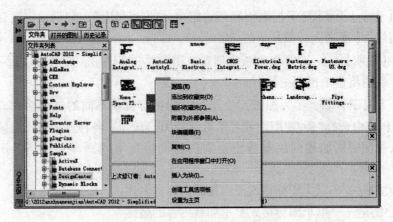

图7-10　设计中心图形快捷菜单

　　在该快捷菜单中，【浏览】指在控制板中显示该图形的包含对象。【添加到收藏夹】指将该图形添加到收藏夹中。【组织收藏夹】指进入收藏夹以便重新整理。【附着为外部参照】相当于执行 XREF 命令。【块编辑器】指打开【块编写选项板】，通过参数或动作来进行编辑修改。【复制】指将该图形复制到剪贴板。【在应用程序窗口中打开】指相当于打开文件。【插入为块】相当于执行 INSERT 命令，其插入的文件即选中的文件。【创建工具选项板】指自定义工具选项板。【设置为主页】指将该图形设置为主页对应链接。

　　如果在图形中的对象上单击鼠标右键，将弹出如图 7-11 所示的设计中心图形对象快捷菜单。

　　如果在具体的对象上单击鼠标右键，将弹出类似于如图 7-12 所示的具体对象的快捷菜单。

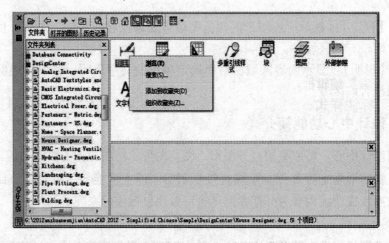

图7-11　设计中心图形对象快捷菜单

图 7-12　具体对象的快捷菜单

2. 拖放

如果通过鼠标左键拖住图标放置于绘图区域的空白处，相当于打开了该文件。与选择了快捷菜单中的【在窗口中打开】效果相同。如果将图形文件直接拖到绘图区并放下，相当于插入成块。如果通过鼠标右键拖到绘图区，在适当位置松开后，会弹出另一个快捷菜单，可以选择【插入成块】、【附着成外部参照】或【取消】。

3. 查找

单击【搜索】按钮，将会弹出如图 7-13 所示的【搜索】对话框。

【搜索】对话框中包含以下一些内容。

1）【搜索】编辑框：指定搜索对象的类型，如图形、块、文字样式、外部参照、图层、标注样式、布局、图层、填充图案、填充图案文件、线型、图形和块等。

2）【于（I）】：搜索的路径。可以单击 [浏览(B)...] 按钮来选择路径，同时可以确定是否包含子文件夹。

3）【图形】选项卡：设定搜索图形的文字和位于的字段（文件名、标题、主题、作者、关键词）。

4）【修改日期】选项卡：设定查找的时间条件。

5）【高级】选项卡：设定是否包含块、图形说明、属性标记、属性值等，并可以设置图形的大小范围。

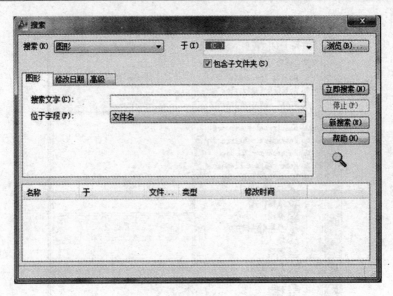

图 7-13　【搜索】对话框

6)　立即搜索(N)按钮：按照设定的条件开始查找。查找到符合要求的文件后，将在下方显示结果。

7)　停止(P)按钮：停止查找。

8)　新搜索(W)按钮：重新搜索。

4. 查询命令

查询命令提供了在绘图或编辑的过程的下列功能：了解对象的数据信息，计算某表达式的值，计算距离、面积、质量特性，识别点的坐标等。

5. 时间 TIME

时间命令可以提示当前时间、该图形的编辑时间、最后一次修改时间等信息。

7.6　应用实例——为轴标注表面粗糙度值

本节主要介绍图块的使用方法，下面根据所学知识为低速轴标注表面粗糙度值。在标注时首先将表示表面粗糙度符号的图形定义为内部图块，然后定义属性值，并将使用的最多的 $Ra3.2$ 设为默认属性值，再将表面粗糙度符号和属性值重新定义为带属性的图块，最后用插入图块的方法进行标注，效果如图 7-14 所示。具体操作步骤如下：

1)　选择对象。绘制图 7-14 所示阶梯轴，在"绘图"工具栏中单击【创建块】按钮，打开【块定义】对话框，在【名称】下拉列表框中输入图块名称"ccd"，在【对象】栏中选中【转换为块】单选按钮，单击【选择对象】按钮返回绘图区，选择如图 7-15 所示的标注表面粗糙度符号的图形。

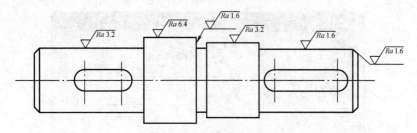

图 7-14　轴表面粗糙度值标注

2）拾取基点。按 < Enter > 键返回【块定义】对话框，在【基点】栏中单击
【拾取点】按钮，返回绘图区拾取如图 7-16 所示的顶点作为图块的基点。

3）创建块。指定基点后系统自动返回【块定义】对话框，其他命令保持默认
设置，单击　确定　按钮，如图 7-17 所示。

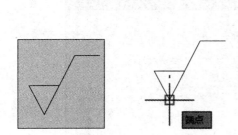

图 7-15　表面粗糙　　　图 7-16　选择基点　　　　图 7-17　【块定义】对话框
　　　度符号

4）设置属性参数。选择【绘图】→【块】→【定义属性】命令，打开【属
性定义】对话框，在【属性】栏的【标记】文本框中输入"表面粗糙度"，在
【提示】文本框中输入"请输入表面粗糙度值"，在【默认】文本框中输入默认值
"Ra3.2"，在【文字设置】栏的【对正】下拉列表框中选择【中下】命令，在
【文字高度】文本框中输入"3.5"，其他参数保持默认值，单击　确定　按钮，
如图 7-18 所示。

5）设置属性位置。在绘图区中拾取表面粗糙度符号的水平直线的中点作为属
性的位置。

6）关联属性。用定义内部图块的方法将属性与图块重新定义为一个新的图
块，图块名为"表面粗糙度"，基点为三角形最下侧的顶点，在【块定义】对话框
的【对象】栏中选中【删除】单选按钮，如图 7-19 所示。

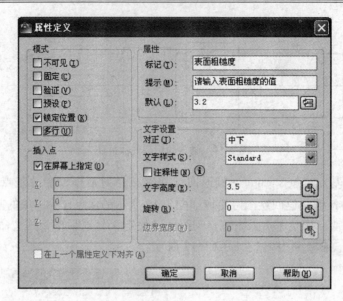

图 7-18　【属性定义】对话框

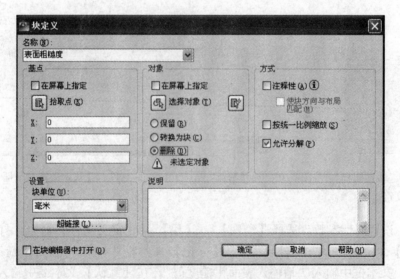

图 7-19　【块定义】对话框

7）选择图块。在"绘图"工具栏中单击【插入块】按钮，打开【插入】对话框，在【名称】下拉列表框中选择【表面粗糙度】命令，其他参数保持默认值，单击　确定　按钮。

8）插入带属性的图块。返回绘图区中，根据命令行提示指定插入基点后输入属性值，效果如图 7-20 所示，其命令行操作如下：

命令：insert（按 < Enter > 键）　　　　　　　　　　//执行 INSERT 命令
指定插入点或 [基点（B）→比例（s）→旋转（R）]：　　//拾取图中低速轴上方垂直直线

输入属性值   的中点
                                                    //系统提示指定图块属性值
请输入表面粗糙度值 < Ra 3.2 >：Ra 1.6(按 < Enter > 键)   //输入"Ra 1.6"并按 < Enter > 键

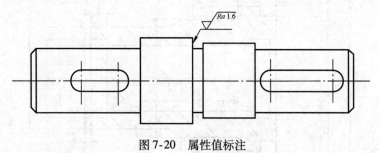

图 7-20 属性值标注

9）完成标注。用同样的方法在适当位置处插入图块"表面粗糙度"，并指定适当的表面粗糙度值，完成标注后的最终效果如图 7-14 所示。

习　题

1. 定义如图 7-21 所示的表示位置公差基准的符号块，要求如下：

如图 7-21a 所示符号块的块名为 BASE - 1，用于图 7-22a 所示形式的基准；图 7-21b 所示符号块的块名为 BASE - 2，用于图 7-22b 所示形式的基准。两个块的属性标记均为 A，属性提示为"请输入基准符号"，属性默认值均为 A，以正方形的角端点为属性插入点，属性文字对齐方式采用"中间"，以两条直线的交点作为块的基点。

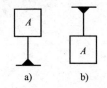

图 7-21 基准的符号块
a）BASE - 1　b）BASE - 2

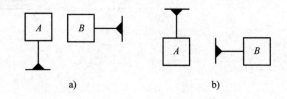

图 7-22 基准示例
a）插入块 BASE - 1 得到的符号　b）插入块 BASE - 2 得到的符号

2. 绘制如图 7-23 所示的零件（其余未注倒角均为 45°），利用设计中心将表面粗糙度符号插入到该零件图样中；并插入在习题 1 中定义的基准符号块。

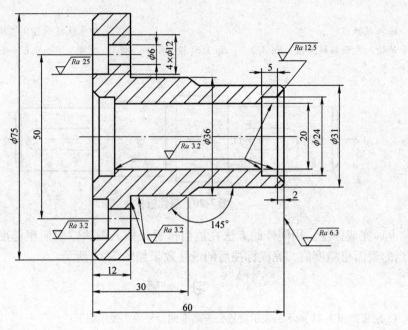

图 7-23　绘制图形

第8章 标注尺寸

8.1 创建尺寸标注样式

工程制图标准对尺寸标注的格式有具体的要求，如尺寸文字的大小、尺寸箭头的大小等。本小节将定义符合工程制图标准的尺寸标注样式。

设当前图形中已定义了名为"工程字－35"的文字样式，下面定义名为"尺寸－35"尺寸标注样式。该样式用文字样式"工程字－35"作为尺寸文字样式，即所标注尺寸文字的字高为3.5mm。定义尺寸标注样式的命令为DIMSTYLE。单击工具栏中的【标注样式管理器】 按钮，或单击菜单【标注】→【样式】，即执行DIMSTYLE命令，打开【标注样式管理器】对话框，如图8-1所示。

单击对话框中的【新建】按钮，在打开的【创建新标注样式】对话框中的【新样式名】文本框中输入"尺寸－35"，其余设置采用默认状态，如图8-2所示（【基础样式】项表示以已有样式ISO－25为基础定义新样式）。

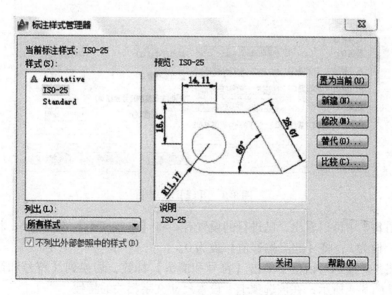

图8-1 【标注样式管理器】对话框

单击【继续】按钮，打开【新建标注样式】对话框，在该对话框中切换到【线】选项卡，并进行相关设置，结果如图8-3所示。

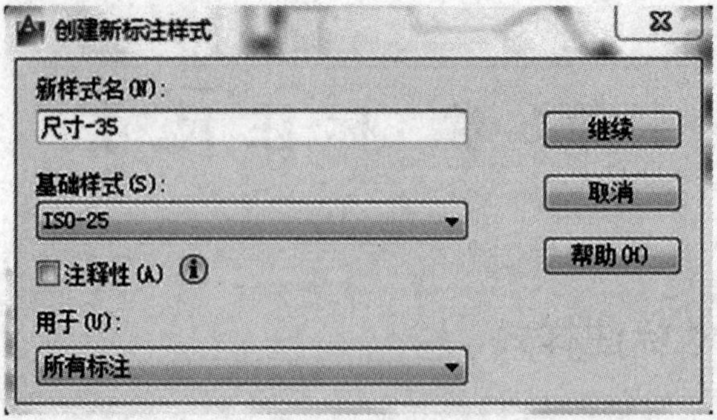

图 8-2　设置"创建新标注样式"对话框

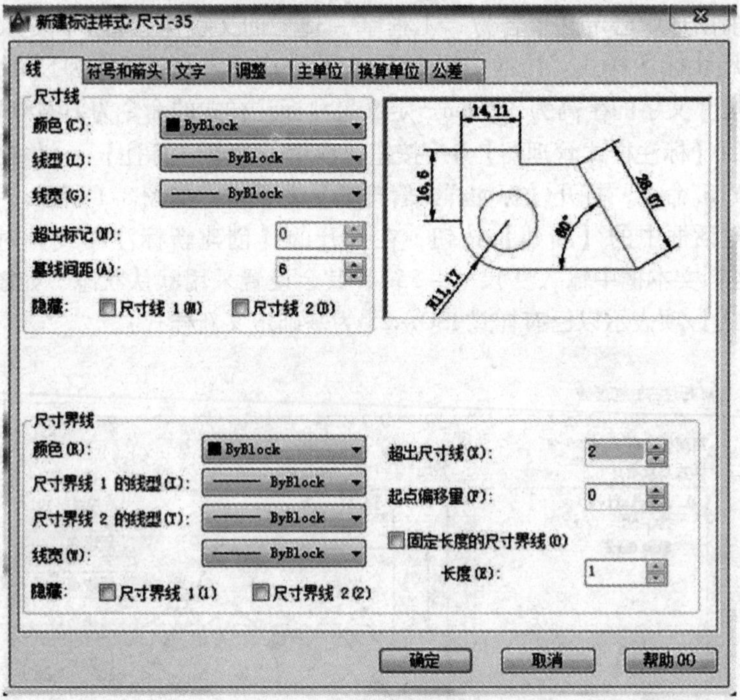

图 8-3　【线】选项卡

从图 8-3 中可以看出，已进行的设置有：将【基线间距】设置为 6；将【超出尺寸线】设为 2；将【起点偏移值】设为 0。

在图 8-3 所示对话框中单击【符号和箭头】标签，切换到【符号和箭头】选项卡，如图 8-4 所示，在该选项卡下设置尺寸文字相关的特性。

从图 8-4 中可以看出，已进行的设置有：将【箭头大小】设为 3.5；将【圆心标记】选项组中的【大小】设为 3.5；【弧长符号】设为"无"，其余采用默认设置。

单击图 8-4 所示的对话框，切换到【文字】选项卡，在该选项卡下设置文字特性，结果如图 8-5 所示。

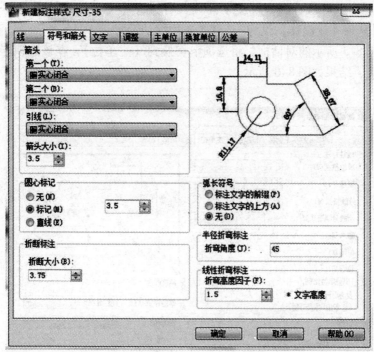

图 8-4　【符号和箭头】选项卡

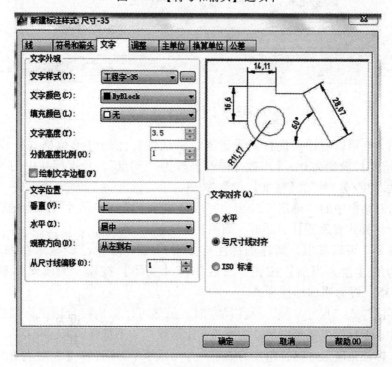

图 8-5　【文字】选项卡

从图 8-5 中可以看出，对文字的设置有：将【文字样式】设为"工程字 – 35"，将【从尺寸线偏移】设为 1，其余采用默认设置。

单击图 8-5 所示的对话框，将选项卡切换到【主单位】，在该选项卡下进行单位相关设置，结果如图 8-6 所示。

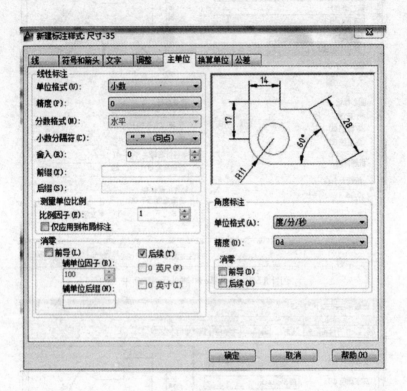

图 8-6　【主单位】选项卡

从图 8-6 可以看出，进行的设置有：将线性标注的【单位格式】设为"小数"，【精度】设置为 0，【小数分隔符】改为"句点"，角度标注中的【单位格式】改为"度/分/秒"，【精度】设置为 0d。

单击对话框中的"确定"按钮，完成尺寸标注样式"尺寸 – 35"的设置，返回到【标注样式管理器】对话框，如图 8-7 所示。

从图 8-7 可以看出，新建的标注样式"尺寸 – 35"已经显示在列表框中，选择右边的【置为当前】按钮，然后单击【关闭】按钮，关闭对话框，即将"尺寸 – 35"置为当前标注样式。

用标注样式"尺寸 – 35"标注尺寸时，虽然可以标出符合国家标准要求的大多数尺寸，但标注出的角度尺寸为图 8-8 所示样式，不符合国家标准要求。国家标准规定，标注角度尺寸时，角度的数字一律写成水平方向，一般应注写在尺寸线的中断处，如图 8-9 所示。

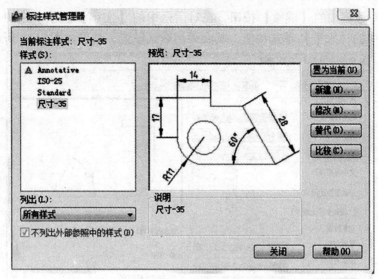

图 8-7 【标注样式管理器】对话框

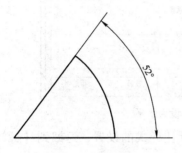

图 8-8 一般标注角度

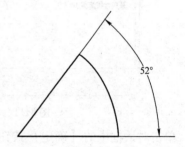

图 8-9 国家标准要求标注角度

为使标注样式符合国家标准，还应在标注样式"尺寸 – 35"的基础上设置适用于角度标注的子样式，其定义方法为：在【标注样式管理器】对话框，选择"尺寸 – 35"，单击【新建】按钮，打开【创建新标注样式】对话框，在对话框的【用于】下拉列表选择【角度标注】命令，其余采用默认设置，如图 8-10 所示。

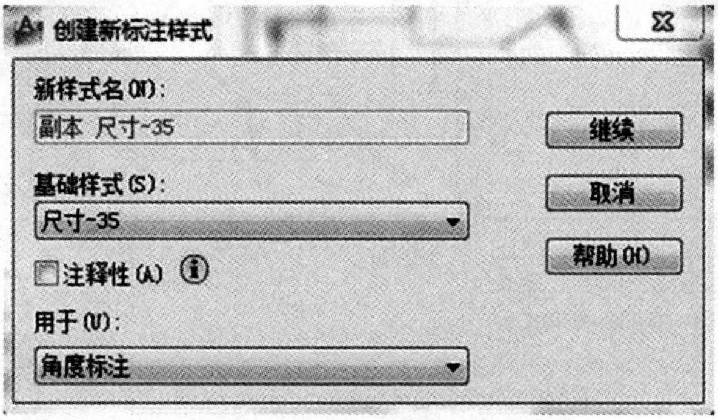

图 8-10 设置角度标注样式

单击对话框中的【继续】按钮，在对话框中的【文字】选项卡选中【文字对齐】命令中的【水平】单选按钮，其余采用默认设置，结果如图 8-11 所示。

图 8-11 将【文字对齐】设为水平

单击对话框中的【确定】按钮，完成角度标注样式的设置，返回到【标注样式管理器】，结果如图 8-12 所示。

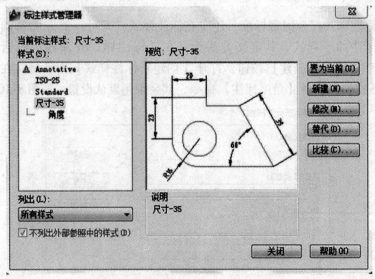

图 8-12 【标注样式管理器】对话框

从图8-12中可以看出，在"尺寸－35"标注样式的下面引出了一个"角度"的子样式，同时在预览框中角度标注的文字样式已改为水平。选择"尺寸－35"标注样式并单击【置为当前】，单击【关闭】按钮，完成尺寸标注样式的设置。

8.2 标注尺寸

设置好尺寸标注样式后，就可选择合适的尺寸标注样式，利用【尺寸标注】命令进行尺寸标注。AutoCAD 2012 提供有多种尺寸标注命令，可方便地进行尺寸标注和尺寸编辑。

8.2.1 线性标注

线性标注可用于标注水平和垂直尺寸。可通过以下三种方法激活【线性】标注命令。

➤命令行：输入 DIMLINEAR 或 DLI。

➤菜单栏：单击【标注】→【线性】。

➤工具栏：单击【线性】 按钮。

执行命令后，AutoCAD 2012 提示如下：

命令：_ DIMLINEAR

指定第一条尺寸界线原点或<选择对象>：指定第1条尺寸界线起点

指定第二条尺寸界线原点：指定第2条尺寸界线起点

指定尺寸线的位置或［多行文字（M）→文字（T）→角度（A）→水平（H）→垂直（V）→旋转（R）］：移动鼠标指定尺寸线的位置

系统默认按已设置的标注样式标注出尺寸。

当提示指定第1条尺寸界线时，也可直接按＜Enter＞键，按提示选择要标注的对象，如图8-13a所示，当提示指定第1条尺寸界线时，按＜Enter＞键，系统提示选择对象，此时选择一个对象，则系统将标注该对象尺寸。

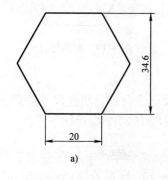
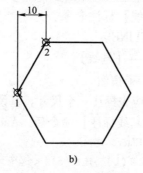
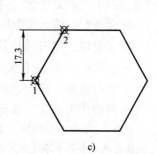

图 8-13 线性标注

当提示指定尺寸线位置时，可通过命令标识符来更改默认标注，各命令含义如下：

1)【多行文字（M）】：用于在多行文本编辑器中输入尺寸文本。

2)【文字（T）】：用于在命令行中输入尺寸文本。

3)【角度（A）】：用于改变尺寸文本的角度。

4)【水平（H）、垂直（V）】：用于指定标注水平型尺寸或垂直型尺寸。当选择 1 点和 2 点后，若输入 H，则只能标出水平尺寸，如图 8-13b 所示；若输入 V，则只能标出垂直尺寸，如图 8-13c 所示。一般将鼠标移动至合适位置，系统会自动变换为【水平】或【垂直】模式。

8.2.2　对齐标注

对齐标注可用于对斜线进行尺寸标注。可通过以下三种方法激活【对齐】标注命令。

➤ 命令行：输入 DIMALIGNED。

➤ 菜单栏：单击【标注】→【对齐】。

➤ 工具栏：单击【对齐】 按钮。

执行命令后，AutoCAD 2012 提示如下：

命令：_ DIMALIGNED（按 < Enter > 键）

指定第一条尺寸界线原点 < 或选择对象 >：（指定第 1 条尺寸界线起点 1）

指定第二条尺寸界线原点：（指定第 2 条尺寸界线起点 2）

指定尺寸线位置或 [多行文字（M）→文字（T）→角度（A）]：（移动鼠标指定尺寸线的位置）

有关操作和命令含义与线性标注相同。对齐标注图例如图 8-14 所示。

8.2.3　基线标注

基线标注可用于标注从同一基线开始的多个尺寸。可通过以下三种方法激活【基线】标注命令。

➤ 命令行：输入 DIMBASELINE。

➤ 菜单栏：单击【标注】→【基线】。

➤ 工具栏：单击【基线】 按钮。

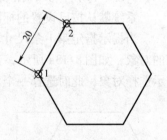

图 8-14　对齐标注

在执行该命令操作之前，应先标注一个尺寸，基线标注会自动将此尺寸的第 1 个尺寸界线作为基线。执行【基线标注】命令后，AutoCAD 2012 提示如下：

命令：_ DIMBASELINE（按 < Enter > 键）

指定第二条尺寸界线原点或[放弃(U)→选择(S)] < 选择 >：

此时指定另一个尺寸的第 2 条尺寸界线引出点的位置，就可自动标注出尺寸，提示会重复出现，直到标完该基线的所有尺寸，按 < Enter > 键结束命令，如图 8-15 所示。

8.2.4 连续标注

连续标注可用于标注一系列首尾相接的尺寸，可通过以下三种方法激活【连续】标注命令。

➢ 命令行：输入 DIMCONTINUE。
➢ 菜单栏：单击【标注】→【连续】。
➢ 工具栏：单击【连续】 按钮。

在执行该命令操作之前，应先标注一个尺寸，连续标注会自动将此尺寸的第 2 个尺寸界线作为第 2 个尺寸的起点，命令的提示及操作方法与基线标注相同。连续标注图例如图 8-16 所示。

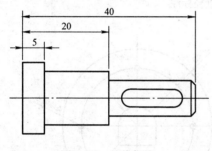

图 8-15 基线标注

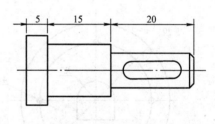

图 8-16 连续标注

8.2.5 半径标注

半径标注用于标注圆或圆弧的半径。可通过以下三种方法激活【半径】标注命令。

➢ 命令行：输入 DIMRADIUS。
➢ 菜单栏：单击【标注】→【半径】。
➢ 工具栏：单击【半径】 按钮。

执行命令后，系统提示如下：

命令：_ DIMRADIUS（按 < Enter > 键）

选择圆弧或圆： （选择需要标注的圆或圆弧）

指定尺寸线位置或[多行文字(M)→文字(T)→角度(A)]：（确定标注线的位置或输入命令标识符）

如果需要修改系统自动生成的尺寸文字，则在输入新文字时应加半径符号 "*R*"。半径标注的图例如图 8-17 和图 8-18 所示。图 8-18 所示为 2 种半径标注的文字对齐方式，根据用户需要可在标注样式管理器中定义用于半径标注和直径标注的样式，并在【文字对齐】设置区选择【ISO 标准】或【与尺寸线对齐】。具体操作方法与创建角度标注样式的方法相同。

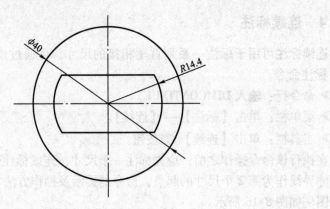

图 8-17　半径和直径标注

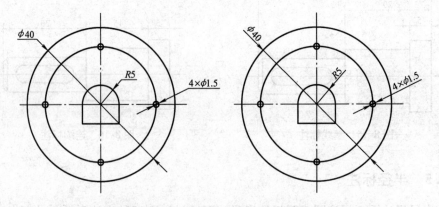

图 8-18　半径和直径标注的文字对齐方式

8.2.6　直径标注

直径标注用于标注圆或圆弧的直径。可通过以下三种方法激活【直径】标注命令。

> ➢ 命令行：输入 DIMDIAMETER。
> ➢ 菜单栏：输入【标注】→【直径】。
> ➢ 工具栏：单击【直径】◎按钮。

执行命令后，系统提示及操作方法和步骤与半径标注相同，如果需要修改系统自动生成的尺寸文字，则在输入新文字时应加直径符号 "%%C"。如图 8-18 所示，标注 4×φ1.5 时，可在选择圆后通过输入命令标识符 "M"，激活多行文编辑器；在编辑器中 "φ1.5" 前输入 "4×"，也可先标注出 "φ1.5"，之后再通过尺寸编辑命令修改。与半径标注一样，直径标注也有 2 种常用的文字对齐方式，可根据需要进行灵活设置。

8.2.7 折弯标注

折弯标注常用于标注较大半径的圆弧。可通过以下三种方法激活【折弯】标注命令。

➢ 命令行：输入 DIMJOGGED。

➢ 菜单栏：单击【标注】→【折弯】。

➢ 工具栏：单击【折弯】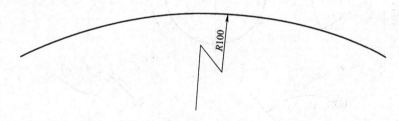按钮。

执行命令后，AutoCAD 提示如下：

命令：_ DIMJOGGED（按 <Enter> 键）

选择圆弧或圆：（选择需要标注的圆弧）

指定图示中心位置：（指定一点来代替圆心位置）

标注文字 = 100

指定尺寸线位置或 [多行文字(M)→文字(T)→角度(A)]：（指定一个确定尺寸线的位置或其他命令）

指定折弯位置：（指定一点确定折弯位置）

标注结果如图 8-19 所示。

图 8-19 折弯标注

8.2.8 角度标注

角度标注用于标注角度尺寸。可通过以下三种方法激活【角度】标注命令。

➢ 命令行：输入 DIMANGULAR。

➢ 菜单栏：单击【标注】→【角度】。

➢ 工具栏：单击【角度】按钮。

执行命令后，AutoCAD 提示如下：

选择圆弧、圆、直线或 <指定顶点>：

上述提示的命令含义如下：

【圆弧】若选择圆弧，则标注出圆弧所对应的圆心角的角度，如图 8-20a 所示。

【选择圆】：若选择圆，则系统提示如下：

指定角的第二个点：（指定第 2 个点）

系统将标注出以圆心为角度顶点，以指定圆时的第 1 点和按提示指定的第 2 点作为尺寸界线起点的角度，如图 8-20b 所示。

【选择直线】：若选择一条直线，则系统提示选择第 2 条直线，按提示选择第 2 条直线后，则示出两直线间的夹角。移动鼠标可以选择标注锐角或钝角，如图 8-20c、d 所示。

【指定顶点】：通过指定 3 个点来标注角度。激活【角度标注】命令后按 <Enter> 键，则系统提示如下：

指定角的顶点：（指定角度顶点 1）

指定角的第一个端点：（指定第 1 个端点 2）

指定角的第二个端点：（指定第 2 个端点 3）

指定 3 个点后，角度标注如图 8-20e 所示。

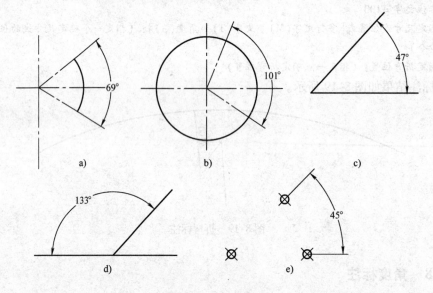

图 8-20　角度标注

8.3　标注尺寸公差和形位公差

机械零件在加工中的尺寸误差，根据使用要求用尺寸公差加以限制。而加工中对零件的几何形状和相对几何要素的位置误差则由形状和位置公差加以限制。形状和位置公差合称为形位公差。因此，它和表面粗糙度、公差与配合共同成为评定产品质量的重要技术指标。

8.3.1　尺寸公差标注

尺寸公差是机械设计中一项重要的技术要求，在用 AutoCAD 2012 软件绘制机械图时，经常遇到标注尺寸公差的情况。设计人员需要根据尺寸公差代号查找国家标准极限偏差表，找出该尺寸的极限偏差数值，按照一定的格式在图中标注。标注尺寸公差的方法一般有两种。

1. 利用【标注样式管理器】

在替代样式中设置公差的形式是极限偏差或对称偏差等，然后输入偏差数值及偏差文字高度和位置。用此代替样式标注的尺寸都将带有所设置的公差文字，直至取消该样式替代。若要标注不同的尺寸公差则需要重复上述过程，建立一个新的样式替代。需要指出的是在这一操作过程中用户必须使用系统给出的缺省基本尺寸文本，否则系统不予标注偏差，只标注基本尺寸。这样就给用户的尺寸偏差的标注工作造成不便。

2. 利用【多行文字编辑器】

利用【多行文字编辑器】对话框的文字堆叠功能添加公差文字。在尺寸标注命令执行过程中，当命令行显示［指定尺寸线位置或［多行文字（M）/文字（T）/角度（A）/水平（H）/垂直（V）/旋转（R）］：时键入"M"，调出【多行文字编辑器】对话框。直接输入上、下偏差数值并用符号"^"分格（例如：+0.01^ +0.02），如图 8-21 所示。然后选中输入的文字，单击对话框工具条上的按钮使公差文字堆叠即可，如图 8-22 所示。

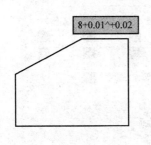

图 8-21　利用【多行文字编辑器】输入公差

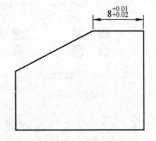

图 8-22　尺寸公差标注

8.3.2　形位公差标注

形位公差在机械图形中极为重要。一方面，如果形位公差不能完全控制，装配件就不能正确装配；另一方面，过度吻合的形位公差又会由于额外的制造费用而造成浪费。但在大多数的建筑图形中，形位公差几乎不存在。

1. 形位公差的组成

在 AutoCAD 2012 中，可以通过特征制框来显示形位公差信息，如图形的形状、轮廓、方向、位置和跳动的偏差等，如图 8-23 所示。

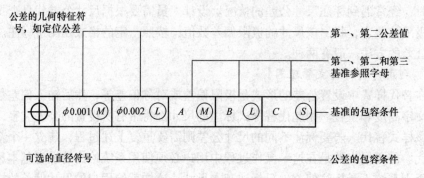

图 8-23　形位公差组成

2. 标注形位公差

➤ 命令行：输入 TOLERANCE。

➤ 菜单栏：单击【标注】→【公差】。

➤ 面板标题：单击【公差】按钮。

执行上述三个命令中任意一个都可以打开【形位公差】⊖对话框，可以设置公差的符号、值及基准等参数，如图 8-24 所示。

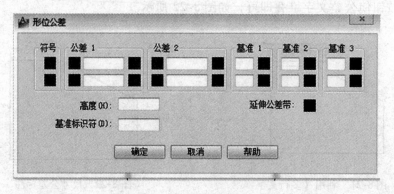

图 8-24　【形位公差】对话框

8.4　编辑尺寸

完成尺寸标注的创建后，根据需要还可以对标注的文字、位置及样式进行修改

⊖　形位公差，在新标准中称为几何公差。

编辑。AutoCAD 2012 提供了多种编辑尺寸的方法。通过修改标注样式的方法可同时对图形中的尺寸进行编辑,通过尺寸标注编辑命令可对需要编辑的尺寸标注进行全面的修改编辑,还可以通过夹点操作快速编辑尺寸标注的位置,通过属性选项板修改选定尺寸的各属性值等。

1. 使用 DDEDIT 命令编辑尺寸文字

可通过以下三种方法激活编辑文字命令。

➤ 命令行:输入 DDEDIT。

➤ 菜单栏:单击【修改】→【对象】→【文字】→【编辑】。

➤ 工具栏:单击【编辑】按钮。

执行命令后,系统提示如下:

命令:_ DDEDIT (按 < Enter > 键)

选择注释对象或 [放弃 (U)]:

选择想要修改的尺寸,则弹出多行文字编辑器,可在此编辑器中对尺寸文字进行编辑。

2. 使用 DIMEDIT 命令编辑尺寸文字和尺寸界线角度

可通过以下两种方法激活编辑标注命令。

➤ 命令行:输入 DIMEDIT。

➤ 工具栏:单击【编辑标注】按钮。

执行命令后,系统提示如下:

命令:_ DIMEDIT (按 < Enter > 键)

输入标注编辑类型 [默认 (H) /新建 (N) /旋转 (R) /倾斜 (O)] < 默认 >:

各命令含义如下:

【默认 (H)】:选择此项,可将选定的标注文字移回到由标注样式指定的默认位置和旋转角。

【新建 (N)】:选择此项,AutoCAD 将打开多行文字编辑器,可利用此编辑器进行尺寸文本的修改。

【旋转 (R)】:用于改变尺寸文本行的倾斜角度。图 8-25a 所示为默认的标注,图 8-25b 所示为将文本行倾斜 60° 后的效果。

【倾斜 (O)】:默认情况下,长度型尺寸的尺寸界线垂直于尺寸线。选择此

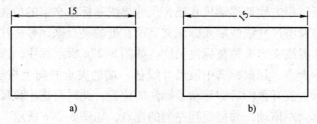

图 8-25　改变尺寸文本行的倾斜角度

项，可修改长度型尺寸标注界线，使其倾斜一定角度，与尺寸线不垂直。图8-26a 所示为默认的标注，图8-26b 所示为修改尺寸界线为30°后的效果。

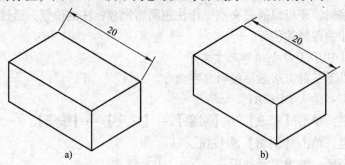

图 8-26　改变尺寸界线的倾斜角度

3. 使用 DIMTEDIT 命令调整标注文字位置

可通过以下两种方法激活编辑标注文字命令。

➤ 命令行：输入 DIMTEDIT。

➤ 工具栏：单击【编辑文字】 按钮。

执行命令后，系统提示如下：

命令：_ DIMTEDIT（按＜Enter＞键）

选择标注：

指定标注文字的新位置或［左（L）→右（R）→中心（C）→默认（H）→角度（A）］：

各命令功能如下：

【指定标注文字的新位置】：用于更新尺寸文本的位置，可用鼠标将文本拖到新位置。

【左（L）→右（R）】：使尺寸文本沿尺寸线左（右）对齐，此命令只对长度型、半径型、直径型尺寸标注起作用。

【中心（C）】：将尺寸文本放置于尺寸线的中间位置。

【默认（H）】：将尺寸文本按默认位置放置。

【角度（A）】：用于改变尺寸文本行的倾斜角度。此项与 DIMEDIT 命令中的【旋转（R）】命令效果相同。

4. 使用夹点调整标注位置

使用夹点可以很方便地移动尺寸线、尺寸界线和标注文字的位置。选中需调整的尺寸后，通过调整尺寸线两端或标注文字所在处的夹点来调整标注的位置，也可以通过调整尺寸界线夹点来调整标注长度。如图8-27a 所示标注，选中尺寸 10 后，在尺寸上即显示夹点，用鼠标选中该尺寸线任一端的夹点并向上拖放到合适位置，如图8-27b 所示，放开鼠标后即移动了标注的位置。此时再选中该尺寸左边尺寸界线的夹点，将其向左拖动，并捕捉到左侧的端点，如图8-27c 所示，放开鼠标后即改变了该尺寸的标注长度，如图8-27d 所示。

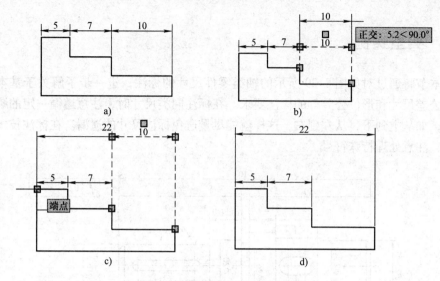

图 8-27　使用夹点调整标注位置

5. 通过属性选项板修改选定尺寸

用鼠标双击选定尺寸，或选中尺寸后单击鼠标右键，在弹出的快捷菜单中选择【特性】。则系统弹出尺寸的【特性】选项板，如图 8-28 所示，在选项板中可修改选定尺寸的各属性值。

图 8-28　尺寸的【特性】选项板

8.5　典型实例

本节将通过对如图 8-29 所示的轴类零件尺寸的标注，进一步了解关于基本尺寸、公差尺寸和形位公差等的标注要求。在标注同类尺寸时，注意遵循一定的顺序要求，如从上到下，从左到右，这样就能尽量避免标注尺寸的遗漏。在标注技术要求时，注意处理特殊符号。

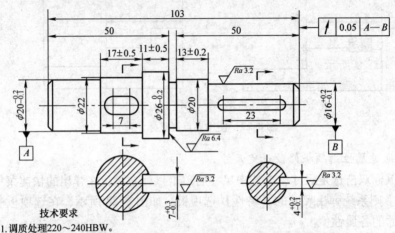

技术要求
1.调质处理220～240HBW。
2.未注倒角为C2。
3.未注公差为GB/T 1804 —m。

图 8-29　标注轴类零件

1. 设置图层

参考第 4 章 4.1 节的相关内容，设置如图 8-30 所示的图层。

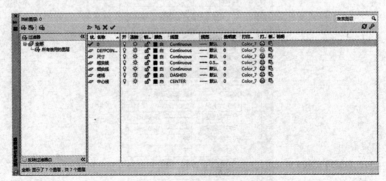

图 8-30　图层设置

2. 绘制图形

利用前面学习的绘图与编辑命令绘制图形，如图 8-31 所示。

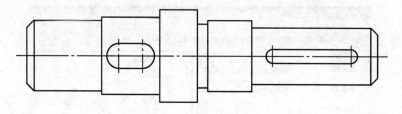

图 8-31　绘制图形

3. 设置尺寸标注样式

在标注样式中选择 8.1 节设置的标注样式"尺寸 –35"进行尺寸标注。

4. 标注基本尺寸

如图 8-29 所示，执行 DIMLINEAR 命令，先用线性尺寸标注的方法标出基本尺寸。命令行提示如下：

命令：DIMLINEAR（按 < Enter > 键）

指定第一个尺寸界线原点或 < 选择对象 >：（捕捉第一条尺寸界线原点）

指定第二条尺寸界线原点：（捕捉第二条尺寸界线原点）

指定尺寸线位置或［多行文字（M）→文字（T）→角度（A）→水平（H）→垂直（V）→旋转（R）］：（指定尺寸线位置）标注文字 = 20

用同样的方法标出其余线性尺寸，结果如图 8-32 所示。

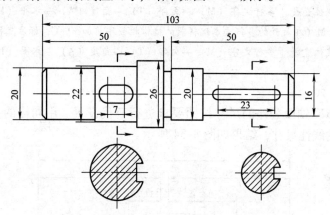

图 8-32　标注线性尺寸

5. 标注公差尺寸

此轴零件包括 3 个对称公差和 5 个极限偏差尺寸。在【标注样式管理器】对话框中单击【替代】按钮，在替代样式中的【公差】选项卡中按每一个尺寸公差的不同进行替代设置，如图 8-33 所示。替代设定后，进行尺寸标注。

命令：DIMLINEAR（按 < Enter > 键）

指定第一个尺寸界线原点或 < 选择对象 >：（捕捉第一条尺寸界线原点）

指定第二条尺寸界线原点：（捕捉第二条尺寸界线原点）

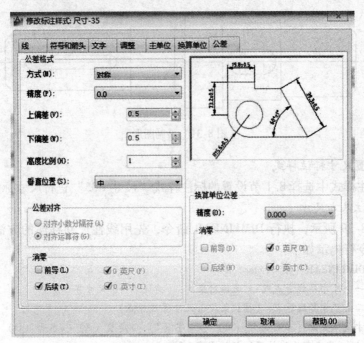

图 8-33　【公差】选项卡

指定尺寸线位置或 [多行文字（M）→文字（T）→角度（A）→水平（H）→垂直（V）→旋转（R）]：M（在打开的多行文本编辑器的编辑栏数字前加％％C，标注直径符号）

指定尺寸线位置或 [多行文字（M）→文字（T）→角度（A）→水平（H）→垂直（V）→旋转（R）]：

标注文字＝20

以上对 ϕ20 轴段公差的尺寸按照要求进行替代设置。用同样的方法标注另外几个带公差的线性尺寸，结果如图 8-34 所示。

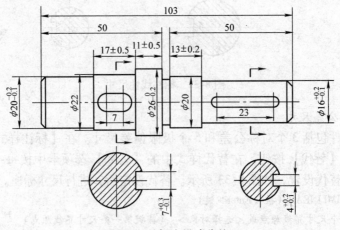

图 8-34　标注尺寸公差

6. 标注形位公差

单击菜单【标注】→【公差】，或者选择标注工具栏的▦按钮，打开【形位公差】对话框，进行如图 8-35 所示的设置，确定后在图形上指定放置位置。

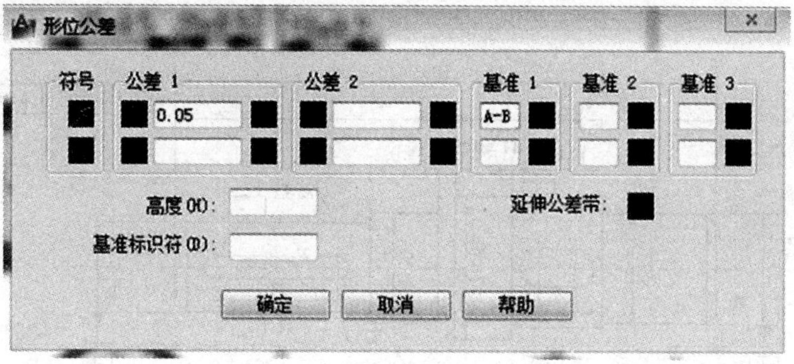

图 8-35 【形位公差】对话框

7. 标注引线

执行命令 LEADER 后，命令行提示如下：

命令：LEADER（按＜Enter＞键）

指定引线起点：（指定起点）

指定下一点：（指定下一点）

指定下一点或［注释（A）→格式（F）→放弃（U）］＜注释＞：

输入注释文字的第一行或＜选项＞：

输入注释选项［公差（T）→副本（C）→块（B）→无（N）→多行文字（M）］＜多行文字＞：（引线指向形位公差符号，故无注释文本）

执行后的结果如图 8-36 所示。

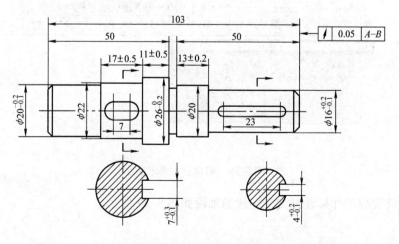

图 8-36 标注形位公差

8. 标注形位公差基准和表面粗糙度值

形位公差的基准和表面粗糙度值可以通过引线标注命令和绘图命令以及单行文字命令绘制，绘制后的图形如图 8-37 所示。

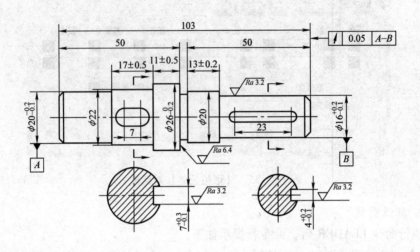

图 8-37　完成尺寸标注

9. 标注技术要求

单击【绘图】→【多行文字】命令，系统打开多行文字编辑器。在编辑器输入如图 8-38 所示文字。

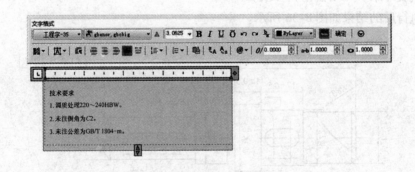

图 8-38　编辑技术要求文字

最终完成尺寸标注与文字标注的轴段如图 8-29 所示。

习 题

1. 绘制图 8-39 所示的图形，并标注相应的尺寸、公差、表面粗糙度值等。

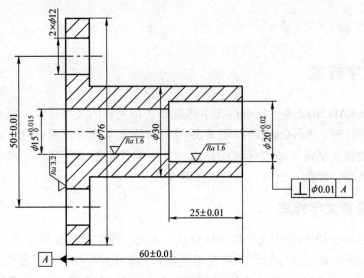

图 8-39 习题 1 图

2. 绘制如图 8-40 所示的图形，并标注尺寸和公差。

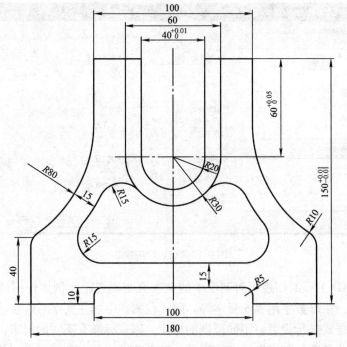

图 8-40 习题 2 图

第 9 章　标注文字和创建表格

9.1　文字样式

在 AutoCAD 2012 中，所有的文字都有与之相关联的文字样式。在创建文字注释和尺寸标注时，AutoCAD 2012 通常使用当前的文字样式。用户也可以根据具体要求重新设置文字样式或创建新的样式。文字样式包括文字字体、高度、宽度因子、倾斜角度、颠倒、反向、以及垂直等参数。

9.1.1　设置文字样式

AutoCAD 2012 图形中文字的字体形状、方向、角度等都受其文字样式的控制。用户在向图形中添加文字时，系统使用当前的文字样式。如果用户要使用其他的文字样式，则必须将该文字样式置于当前。AutoCAD 2012 的默认文字样式名称为"Standard"，默认字体为"txt shx"，如图 9-1 所示。

图 9-1　默认文字样式

国家 CAD 工程制图规则对制图中的文字有明确规定，例如任何幅面的图纸汉字用 5 号字，字母数字用 3.5 号字等。因此在图样中标注文字时应在输入文本之前先对文字的样式进行设置。不同范围的标注，国家标准有不同的要求，可以通过改变字体的一些参数，如高度、宽度因子、倾斜角度、反向和垂直等，依次定义多种文字样式，以满足不同的要求。

1. 命令调用方式

➢ 命令行：输入 STYLE（或 ST）。

➢ 菜单栏：单击【格式】→【文字样式】。

➢ 工具栏：单击【文字样式】 按钮。

2. 操作步骤

执行上面任意一种操作后，屏幕弹出如图 9-2 所示的【文字样式】对话框，在该对话框中，用户可以创建新的文字样式、修改已有的文字样式或选择当前的文字样式，以下详细介绍该对话框各命令的含义和功能。

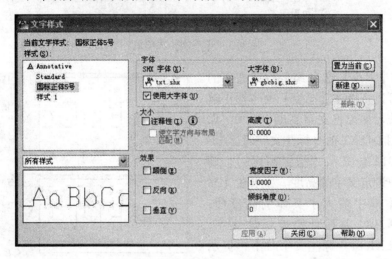

图9-2 【文字样式】对话框

1)【当前文字样式】标签。显示当前文字样式的名称。如图 9-2 所示，当前文字样式为"国标正体 5 号"，是新创建的标注样式。

2)【样式（S）】列表框。该列表框列出了当前已定义的可以使用的文字样式，可以从中选择相应的样式作为当前样式或进行样式修改。

3)【样式列表过滤器】。位于【样式（S）】列表框下方的下拉列表框为【样式列表过滤器】，用于确定要在【样式（S）】列表框中显示哪些文字样式。列表中有【所有样式】和【正在使用的样式】两种选择。

4) 预览框。在【样式列表过滤器】下面的图框，用于显示与所设置或选择的文字样式相应的文字标注预览图像。如在【样式（S）】列表框中选择【样式 1】，则预览框中就会显示【样式 1】对应的文字标注预览图像。

5)【字体】选项组。确定文字样式采用的字体。如果选中【使用大字体】复选框，可以通过选项组分别确定 SHX 字体和大字体。SHX 字体是通过形文件定义的字体。形文件是 AutoCAD 用于定义字体或符号库的文件，其源文件的扩展名为

.SHP，扩展名为.SHX 的形文件是编译后的文件。大字体用来指定亚洲语言（包括简、繁体汉语、日语或韩语等）使用的大字体文件。

如果没有选中【使用大字体】复选框，【字体】选项组为如图 9-3 所示的形式。可以通过【字体名】下拉列表框选择需要的字体。

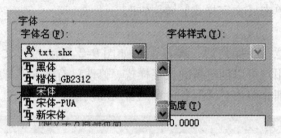

图 9-3 【字体】选项组

6）【大小】选项组。指定文字的高度。可以直接在【高度】文本框中输入高度值。如果将文字高度设为 0，那么当使用 DTEXT 命令标注文字时，AutoCAD 2012 会提示【指定高度：】，即要求用户设定文字的高度。如果在【高度】文本框中输入了具体的高度值，AutoCAD 2012 将按此高度标注文字，使用 DTEXT 命令标注文字时不再提示【指定高度：】。【注释性】复选项用于为样式添加文字注释。

7）【效果】选项组。该选项组用于设置字体的特征，如字的宽高比（即宽度比例）、倾斜角度、是否倒置显示、是否反向显示以及是否垂直显示等。其中，【颠倒】复选框用于确定是否将标注的文字倒置显示，其标注效果如图 9-4b 所示（正常标注效果如图 9-4a 所示）；【反向】复选框用于确定是否将文字反向标注，其标注效果如图 9-4c 所示；【垂直】复选框用于确定是否将文字垂直标注，其标注效果如图 9-4d 所示；【宽度因子】文本框用于确定所标注文字字符的宽高比。当宽度比例为 1 时，表示按系统定义的宽高比标注文字；当宽度比例小于 1 时文

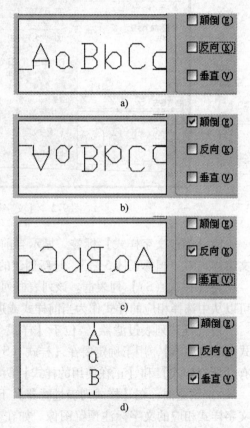

图 9-4 文字标注示例

a）正常标注 b）文字颠倒标注
c）文字反向标注 d）文字垂直标注

字会变窄，反之变宽，如图 9-5 所示给出了在不同宽度比例设置下的文字标注效果。【倾斜角度】文本框用于确定文字的倾斜角度，角度为 0 时不倾斜，为正值时向右倾斜，为负值时向左倾斜，其标注效果如图 9-6 所示。

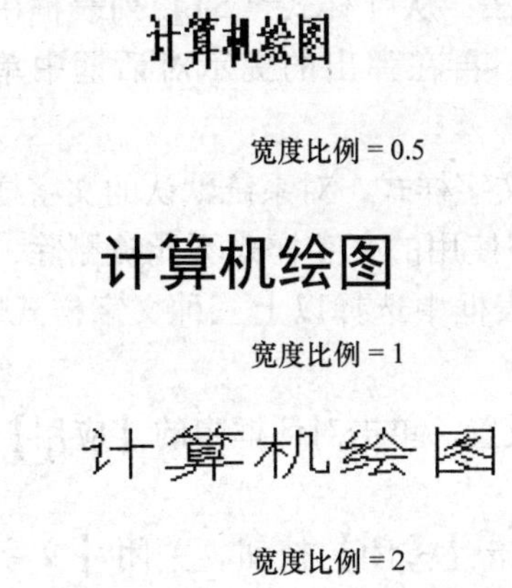

计算机绘图

宽度比例 = 0.5

计算机绘图

倾斜角度 = 10°

计算机绘图

宽度比例 = 1

计算机绘图

倾斜角度 = −10°

计算机绘图

宽度比例 = 2

计算机绘图

倾斜角度 = 0°

图 9-5　用不同宽度比例标注文字 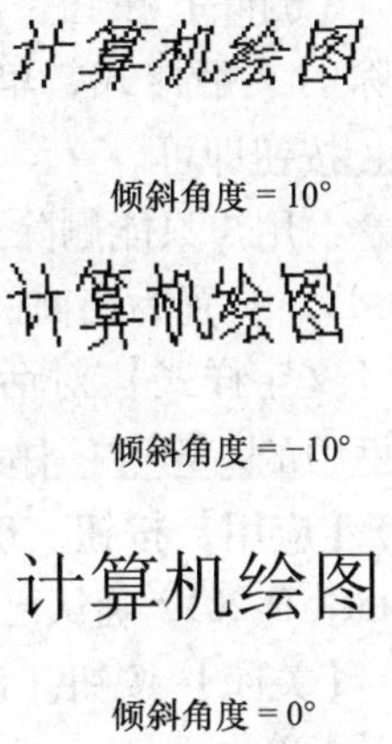　　　　图 9-6　用不同倾斜角标注文字

8)【置为当前】按钮。将在【样式（S）】列表框中选中的样式置为当前样式。当需要以已有的某一文字样式标注文字时，应首先将该样式设为当前样式。利用【样式（S）】列表框中的【文字样式控制】下拉列表框，可以方便地将某一文字样式设为当前样式。设置当前文字样式的方法有如下三种：

①在【文字样式控制】下拉列表框的 ⒜ 样式 1 命令中选择需置为当前样式的文字样式。

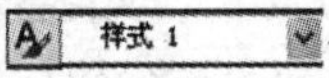

②选择【格式】→【文字样式】命令，打开【文字样式】对话框，在【样式】列表框中选择需置为当前样式的文字样式，然后单击  置为当前© 按钮。

③打开【文字样式】对话框，在【样式】列表框中需置

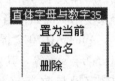

图 9-7　快捷菜单

为当前样式的文字样式名称上单击鼠标右键，在弹出的快捷菜单中选择【置为当前】命令，如图 9-7 所示。

9)【新建】按钮。创建新文字样式。方法：单击【新建】按钮，打开如图 9-8 所示的【新建文字样式】对话框。在该对话框的【样式名】文本框内输入新文字样

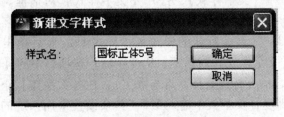

图 9-8　【新建文字样式】对话框

式的名字，替代系统默认的样式名"样式1"，单击【确定】按钮，即可在原文字样式的基础上创建一个新文字样式。此新样式的设置（字体等）与前一样式相同，还需要进行其他设置。

10）【删除】按钮。删除某一文字样式。方法：从【样式（S）】列表框中选中要删除的文字样式，单击【删除】按钮即可，再在弹出的提示对话框中单击 确定 按钮即可。

注意：用户只能删除当前图形中没有使用的文字样式，对系统默认的文字样式"Standard"、被置为当前的文字样式和图形文件中使用的文字样式不能被删除，因此若在【文字样式】对话框的【样式（S）】列表框中选择以上三种文字样式时，该对话框中的 删除(D) 按钮将不可用。

11）【应用】按钮。确认用户对文字样式的设置。单击对话框中的【应用】按钮，AutoCAD 2012 确认已进行的操作。

12）【关闭】按钮。设置完文字样式后，单击【关闭】按钮，关闭【文字样式】对话框。

国家标准中专门对文字标注做出了规定，其主要内容如下：

字的高度有 3.5、5、7、10、14、20 等（单位为 mm），字的宽度约为字高度的 2/3。汉字应采用长仿宋体。由于汉字的笔画较多，因此其高度不应小于 3.5mm。字母分大写、小写两种，它们可以用直体（正体）和斜体形式标注。斜体字的字头要向右侧倾斜，与水平线约成 75°；阿拉伯数字也有直体和斜体两种形式，斜体数字与水平线也成 75°。实际标注中，有时需要将汉字、字母和数字组合起来使用。例如，当标注"4×M8 深 18"时，就用到了汉字、字母和数字。

AutoCAD 2012 提供了基本符合标注要求的字体形文件：gbenor. shx、gbeitc. shx 和 gbcbig. shx 等。其中，gbenor. shx 用于标注直体字母与数字，gbeitc. shx 用于标注斜体字母与数字，gbcbig. shx 用于标注中文。用如图 9-1 所示的默认文字样式 Standard（标准）标注文字时，标注出的汉字为长仿宋体，但字母和数字是由文件 txt. shx 定义的字体，不完全满足制图要求。为了使标注的字母和数字也满足要求，还需要将相应的字体文件设置为 gbenor. shx 或 gbeitc. shx（定义方法见例 9-1）。

【例 9-1】定义符合国家标准要求的直体字母与数字新文字样式。新文字样式的样式名为"直体字母与数字 35"，字高为 3.5，其余设置采用系统的默认设置。

执行【格式】→【文字样式】，打开【文字样式】对话框。单击该对话框中的【新建】按钮，在打开的【新建文字样式】对话框的【样式名】文本框内输入"直体字母与数字 35"，替换默认的样式名"样式1"，然后单击对话框中的【确定】按钮，返回【文字样式】对话框，从【字体】选项组中的【SHX 字体】下拉列表中选择 gbenor. shx（标注直体字母与数字）；在【大字体】下拉列表框中选择 gbcbig. shx；在【高度】文本框中输入 3.5，其余设置采用系统的默认设置，如图 9-9 所示。

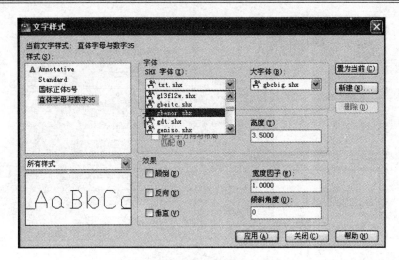

图 9-9　创建新样式

需要说明的是，由于在字体形文件中已经考虑了字的宽高比例因素，因此在"宽度因子"文本框中仍采用 1 即可。

完成上述设置后，单击【应用】按钮，完成新文字样式的设置。单击【关闭】按钮，关闭【文字样式】对话框，并将文字样式"直体字母与数字 35"置为当前样式。

注意，用户可以在同一幅图形中定义多个文字样式。如还可以设置"斜体字母与数字 35"文字样式，当需要以某一文字样式标注文字时，应先将该样式设为当前样式。

【例 9-2】创建样式名为"机械图样文字"，用于机械图中的长仿宋体的文字样式，字高为 5。

操作过程如下：

1）执行【格式】→【文字样式】，打开【文字样式】对话框；单击对话框中的【新建】按钮，弹出【新建文字样式】对话框，如图 9-8 所示。输入"机械图样文字"样式名，单击【确定】按钮，返回【文字样式】对话框。

2）在【字体】选项组中不选择【使用大字体】复选框，【字体名】下拉列表框改为"T 仿宋 GB2312"字体。

3）在【高度】文本框中输入 5。

4）在【宽度因子】文本框中设置为 0.7，其他默认。

5）单击【应用】按钮完成文字样式的创建，如图 9-10 所示。如不创建其他样式，单击【关闭】按钮退出该对话框，结束操作。

9.1.2　重命名文字样式

创建文字样式后，如果该文字样式的名称不符合要求，可以对其重命名，重命

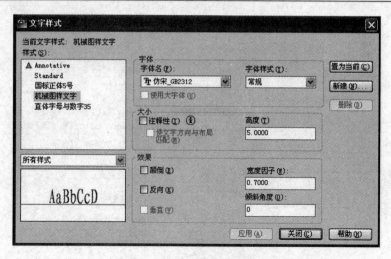

图 9-10 【文字样式】对话框

名文字样式的方法有如下三种：

1）打开【文字样式】对话框，在【样式】列表框中选择要重命名的文字样式，再单击其名称，当文字样式名称呈可编辑状态时输入新名称，然后按＜Enter＞键。

2）打开【文字样式】对话框，在【样式】列表框中要重命名的文字样式上单击鼠标右键，在弹出的快捷菜单中选择【重命名】命令，然后输入新名称，然后按＜Enter＞键。

3）选择【格式】→【重命名】命令，打开如图 9-11 所示的【重命名】对话框，在【命名对象】列表框中选择【文字样式】命令，在【项目】列表框中选择要重命名的文字样式，然后在下面的空白文本框中输入新名称，单击 **重命名为(R)：** 或 **确定** 按钮（注：系统默认的项目不能重命名，如 Standard 文字样式）。

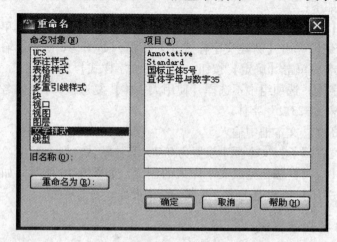

图 9-11 【重命名】对话框

9.1.3 修改文字样式格式

如果对设置的文字样式效果不满意，可以对其进行修改。修改文字样式的参数与新建文字样式后的设置操作基本相同，方法为：选择【格式】→【文字样式】命令，打开【文字样式】对话框，在【样式】列表框中选择要修改格式的文字样式，然后按照新建文字样式设置参数的方法进行修改，完成后依次单击 $\boxed{\text{应用(A)}}$ 和 $\boxed{\text{关闭(C)}}$ 按钮即可。

9.2 标注文字

AutoCAD 2012 提供了两种文字输入方式，分别是单行输入和多行输入。单行输入并不是指用该命令每次只能输入一行文字，而是输入的每一行文字单独作为一个实体对象来处理。相反，多行输入就是不管输入几行文字，AutoCAD 2012 都将它作为一个实体对象来处理。

9.2.1 单行文字输入与编辑

在 AutoCAD 2012 中，若不需要多种字体或多行排列的简短内容，尤其是创建一些标签内容，用户可直接创建单行文字。利用单行文字注释时，可以创建一行或多行文字，每按一次 < Enter > 键，可以结束一行的创建。每行文字都是独立的对象，可以对它们进行重新定位、调整格式或进行其他修改。在标注文字前，先要把需要标注的文字样式置为当前。

1. 命令调用方式

➤ 命令行：输入 DTEXT（或 DT）。

➤ 菜单栏：单击【绘图】→【文字】→【单行文字】。

➤ 工具栏：单击【单行文字】 $\boxed{\text{A}}$ 按钮。

2. 单行文字输入

执行命令后，命令行提示如下：

当前文字样式："Standard" 文字高度：5.0000 注释性：否。

指定文字的起点或 [对正 (J) →样式 (S)]:

提示中第一行说明的是当前文字标注的设置，默认是上次标注时采用的文字样式设置。下面介绍第二行提示中各命令的含义及其操作。

1)【指定文字的起点】。默认情况下，通过指定单行文字行基线的起点位置创建文字。如果当前文字样式的高度设置为 0，系统将显示【指定高度:】提示信息，要求指定文字高度，否则不显示该提示信息，而使用【文字样式】对话框中设置的文字高度。然后系统显示【指定文字的旋转角度 < 0 >:】提示信息，要求指定文字的旋转角度。文字旋转角度是指文字行排列方向与水平线的夹角，默认角度为

0°。输入文字旋转角度，或按 < Enter > 键使用默认角度 0°，最后输入文字即可。
也可以切换到中文输入方式下，输入中文文字。

AutoCAD 2012 为文字行定义了顶线（Top line）、中线（Middle line）、基线
（Base line）和底线（Bottom line）4 条线，用于确定文字行的位置。如图 9-12 所
示为以文字串 Text Sample 为例，说明了这 4 条线与文字串的关系。

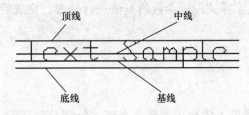

图 9-12　文字标注参考线定义

2）【对正（J）】。用于控制文字的对正方式，类似于用 Microsoft Word 进行排
版时使文字左对齐、居中及右对齐等，但 AutoCAD 提供了更灵活的对正方式。执
行【对正（J）】命令，即在命令行中输入 J，按 < Enter > 键。AutoCAD 2012 命令
行提示如下：

输入选项 [对齐（A）→布满（F）→居中（C）→中间（M）→右对齐（R）→左上
（TL）→中上（TC）→右上（TR）→左中（ML）→正中（MC）→右中（MR）→左下
（BL）→中下（BC）→右下（BR）]：

下面介绍该提示中各命令的含义。

①【对齐（A）】。此命令要求用户确定所标注文字行基线的始点与终点位置。
在命令行中输入 A，按 < Enter > 键。执行该命令，AutoCAD 2012 提示如下：

指定文字基线的第一个端点：（确定文字行基线的始点位置）

指定文字基线的第二个端点：（确定文字行基线的终点位置）

当用户操作后，AutoCAD 2012 在绘图屏幕上显示出表示文字位置的方框，在
其中输入要标注的文字，输入后连续按两次 < Enter > 键即可。最后的执行结果为
输入的文字字符均匀地分布于指定的两点之间，且文字行的旋转角度由两点间连线
的倾斜角度确定；字高和字宽根据两点间的距离、字符的多少按比例关系自动
确定。

②【布满（F）】。此命令要求用户确定文字行基线的始点位置、终点位置以及
文字的字高（如果文字样式没有设置字高）。在命令行中输入 F，按 < Enter > 键。
执行该命令，AutoCAD 2012 依次提示：

指定文字基线的第一个端点：

指定文字基线的第二个端点：

指定高度：（如果文字样式中已经设置了字高，则没有此提示）

当用户操作后，AutoCAD 2012 在绘图屏幕上显示出表示文字位置的方框，在

其中输入要标注的文字，输入后连续按两次 < Enter > 键即可。最后的执行结果是输入的文字字符均匀地分布于指定的两点之间，且文字行的旋转角度由两点间连线的倾斜角度确定，字的高度为用户指定的高度或在文字样式中设置的高度，字宽由所确定两点间的距离和字符的多少自动确定。

③【居中（C）】。此命令要求用户确定一点，AutoCAD 2012 将该点作为所标注文字行基线的中点，即所输入文字行的基线中点将与该点对齐。在命令行中输入 C，按 < Enter > 键。执行该命令，AutoCAD 2012 依次提示：

指定文字的中心点：（确定作为文字行基线中点的点）

指定高度：（输入文字的高度。如果文字样式中已经设置了字高，则没有此提示）

指定文字的旋转角度：（输入文字行的旋转角度）

AutoCAD 2012 在绘图屏幕上显示出表示文字位置的方框，可在其中输入要标注的文字，输入后连续按两次 < Enter > 键即可。

④【右对齐（R）】。此命令要求确定一点，AutoCAD 2012 将该点作为所标注文字行基线的右端点。在命令行中输入 R，按 < Enter > 键。执行该命令，AutoCAD 2012 依次提示：

指定文字基线的右端点：

指定高度：

指定文字的旋转角度：

AutoCAD 2012 在绘图屏幕上显示出表示文字位置的方框，可在其中输入要标注的文字，输入后连续按两次 < Enter > 键即可。

⑤ 其他提示。在与【对正（J）】命令对应的其他提示中，【左上（TL）】、【中上（TC）】和【右上（TR）】命令分别表示将以指定的点作为文字行顶线的起点、中点和终点；【左中（ML）】、【正中（MC）】及【右中（MR）】命令分别表示将以指定的点作为所标注文字行中线的起点、中点和终点；【左下（BL）】、【中下（BC）】和【右下（BR）】命令分别表示将以指定的点作为所标注文字行底线的起点、中点和终点。

3)【样式（S）】。确定所标注文字的样式。在命令行中输入 S，按 < Enter > 键。执行该命令，AutoCAD 2012 提示如下：

输入样式名或 [?] <默认样式名 >：

在此提示下，可直接输入当前要使用的文字样式字；也可以用符号"?"响应，来显示当前已有的文字样式。如果直接按 < Enter > 键，则采用默认样式。

另外，实际绘图时，有时需要标注一些特殊字符，如在一段文字的上方或下方加线、标注度（°）、标注正负公差符号（±）或标注直径符号（ф）等。由于这些特殊字符不能通过键盘直接输入，因此 AutoCAD 2012 提供了相应的控制符，以实现特殊标注要求。AutoCAD 2012 的控制符由两个百分号（％％）和一个字符构成。表 9-1 列出了 AutoCAD 2012 的部分常用控制符。

表 9-1　AutoCAD 2012 部分常用控制符

控制符	功　能
%%O	打开或关闭文字上划线
%%U	打开或关闭文字下划线
%%D	标注度符号"°"
%%P	标注正负公差符号"±"
%%c	标注直径符号"φ"
%%%	标注百分比符号"%"

　　AutoCAD 2012 的控制符不区分大小写。%%O 和 %%U 分别是上划线、下划线的开关，当第一次出现此符号时，表明打开上划线或下划线，即开始画上划线或下划线；而当第 2 次出现相应的符号时，则表示关掉上划线或下划线，即结束画上划线或下划线。

　　在绘图区出现单行文字输入框时，输入控制符，这些控制符也临时显示在屏幕上，当最后一个字符输入时，控制符将从屏幕上消失，转换成相应的特殊符号。

　　【例 9-3】使用系统默认样式，创建单行文字。

　　操作步骤如下：

　　1）选择【绘图】→【文字】→【单行文字】命令。单击以激活【单行文字命令】，此时命令行出现如下提示：

　　当前文字样式："Standard" 文字高度：2.5000　注释性：否

　　指定文字的起点或 [对正 (J) →样式 (S)]：

　　在绘图区或需要标注文字的地方单击左键拾取一点作为文字的插入点。

　　2）此时命令行出现如下提示：

　　指定高度 < 2.5000 >：

　　输入 5 并按 < Enter > 键，为文字设置高度。

　　3）此时命令行出现如下提示：

　　指定文字的旋转角度 < 0 >：

　　按 < Enter > 键，采用当前设置。

　　4）此时绘图区出现如图 9-13 所示的单行文字输入框，然后在命令行中输入"工程训练中心"，如图 9-14 所示。

图 9-13　单行文字输入框 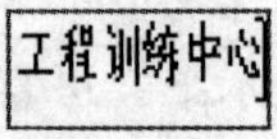　　　　　　　　　　图 9-14　输入文字

　　5）单击 < Enter > 键换行，输入"内孔%%U直径%%U 为%%C10%%P0.01"，然后连续两次敲击 < Enter > 键，结束【单行文字】命令，结果如图 9-15 所示。

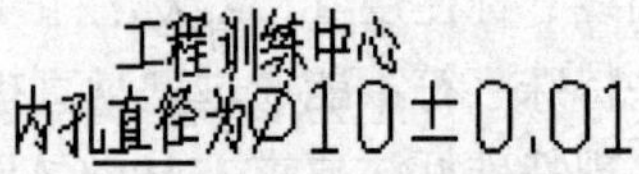

图 9-15　创建单行文字

3. 编辑单行文字

单行文字可进行单独编辑。编辑单行文字包括编辑文字的内容、对正方式及缩放比例，在 AutoCAD 2012 中使用【编辑单行文字】命令的操作方式有以下三种：

➤ 命令行：输入 DDEDIT。

➤ 菜单栏：单击【修改】→【对象】→【文字】→【编辑】。

➤ 工具栏：单击【编辑】 按钮。

在绘图窗口中双击输入的单行文字，或在输入的单行文字上右击，从弹出的快捷菜单中选择【重复编辑单行文字】命令或【编辑单行文字】命令，打开单行文字编辑窗口。

单击【修改】→【对象】→【文字】命令，共有三个子命令，各命令的功能如下：

1)【编辑】（DDEDIT）：选择该命令，然后在绘图窗口中单击需要编辑的单行文字，进入文字编辑状态，可以重新输入文本内容。

2)【比例】（SCALETEXT）：选择该命令，然后在绘图窗口中单击需要编辑的单行文字，此时需要输入缩放的基点以及指定新高度、匹配对象（M）或缩放比例（S）。

3)【对正】（JUSTIFYTEXT）：选择该命令，然后在绘图窗口中单击需要编辑的单行文字，此时可以重新设置文字的对正方式。

9.2.2　多行文字输入与编辑

多行文字又称为段落文字，是一种更易于管理的文字对象，可以由两行以上的文字组成，而且各行文字都是作为一个整体处理。机械制图中，常使用多行文字功能创建较为复杂的文字说明，如图样的技术要求等。

1. 命令调用方式

➤ 命令行：输入 MTEXT（或 T）。

➤ 菜单栏：单击【绘图】→【文字】→【多行文字】。

➤ 工具栏：单击【多行文字】 **A** 按钮。

2. 多行文字输入

输入多行文字之前，应首先指定文字边框的对角点。文字边框用于定义多行文字对象的段落宽度，但其高度不能定义文字对象的高度，所以不考虑其尺寸大小。与图形对象类似，可以使用夹点移动或旋转多行文字对象。

执行命令后，命令行提示如下：

命令：_ MTEXT 当前文字样式："Standard" 文字高度：2.5 注释性：否

指定第一角点：

在此提示下，在绘图区或需要标注文字的图框的一个角点单击左键指定一点作为第一角点后，AutoCAD 2012 命令行继续提示：

指定对角点或 [高度 (H) →对正 (J) →行距 (L) →旋转 (R) →样式 (S) →宽度 (W) →栏 (C)]：

　　如果用户采用默认设置，即在绘图区或需要标注文字的图框的另一个角点单击左键指定一个用来放置多行文字的矩形区域，也就是指定另一角点的位置，Auto-CAD 2012 打开如图 9-16 所示的多行文字编辑器（又称在位文字编辑器）。

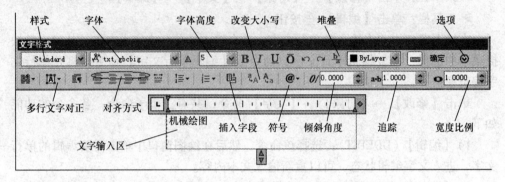

图 9-16　多行文字编辑器

　　采用【文字格式】工具栏，可以设置文字样式，选择需要的字体，确定字的高度等内容。

　　在文字输入窗口中，可以直接输入多行文字；也可以在文字输入窗口中右击，从弹出的快捷菜单中选择【输入文字】命令，将已经在其他文字编辑器中创建的文字内容直接导入到当前图形中。

　　在没有指定另一角点之前，还有其他命令可选，选完之后再指定另一角点，AutoCAD 2012 弹出多行文字编辑器，进行文字编辑，其他命令含义如下：

　　1）【高度 (H)】用于指定文字的高度。

　　在命令行中输入 H，按 <Enter>键。执行该命令，按 AutoCAD 2012 命令行的提示操作即可。

　　2）【对正 (J)】用于确定所标注文本的对齐方式。

　　在命令行中输入 J，按 <Enter>键。执行该命令，AutoCAD 2012 命令行的提示为：

输入对正方式 [左上 (TL) →中上 (TC) →右上 (TR) →左中 (ML) →正中 (MC) →右中 (MR) →左下 (BL) →中下 (BC) →右下 (BR)] <左上 (TL) >：

　　这些对正方式与【单行文本】命令中的各对正方式相同，选取一种对正方式后按 <Enter>键回到上一级提示。

　　3）【行距 (L)】用于确定多行文本的行距。

　　在命令行中输入 L，按 <Enter>键。执行该命令，AutoCAD 2012 命令行的提示为：

输入行距类型 [至少 (A) /精确 (E)] <至少 (A) >：

在此提示下有两种确定行距的方式，【至少（A）】方式下，系统将根据每行文本中最大的字符自动调整行间距；【精确（E）】方式下，可输入一个数值确定行间距，也按“nx”格式输入，n 是一个具体数值，表示行间距设置为单行文本高度的 n 倍，单行文本高度是本行文本字符高度的 1.66 倍。

4）旋转（R）：用于确定文本行的倾斜角度。

5）样式（S）：用于确定当前的文字样式。

6）宽度（W）：用于指定多行文本的宽度。

7）栏（C）：用于指定多行文字对象。

以上各命令功能也可在多行文字编辑器中通过相应的功能按钮进行设置。

多行文字编辑器由【文字格式】工具栏和水平标尺等组成，工具栏上有一些下拉列表框和按钮等。下面介绍编辑器中各主要命令的功能。

1）【堆叠】按钮。利用【堆叠】按钮，可以创建堆叠文字。只有当文字中输入“/”、“#”、“^”这三种堆叠符号之一并选中要堆叠的文字时，【堆叠】按钮才被激活。使用三种堆叠符号得到的堆叠效果如下：

如输入并选中“123/456”后单击按钮，得到如图 9-17a 所示效果。

如输入并选中“3#4”后单击按钮，得到如图 9-17b 所示效果。

如输入并选中“+0.021^-0.007”后单击按钮，得到如图 9-17c 所示效果。

如输入“M2^”并选中“2^”后单击按钮，得到如图 9-17d 所示效果。

如输入“A^2”并选中“^2”后单击按钮，得到如图 9-17e 所示效果。

$\frac{123}{456}$	$^{3}/_{4}$	$\begin{matrix}+0.021\\-0.007\end{matrix}$	M^{2}	A_{2}
a)	b)	c)	d)	e)

图 9-17　文字的堆叠效果

2）【符号】按钮。用于输入各种符号。单击按钮 @▾，系统打开【符号列表】，如图 9-18 所示。用户可以从中选择符号输入到文本中，单击【其他】将弹出【字符映射表】，如图 9-19 所示，从中也可找到需要的字符。

3）【插入字段】按钮。可插入一些常用或预设的字段。单击按钮，系统打开如图 9-20 所示的【字段】对话框，用户可从中选择字段插入到标注文本中。也可以通过如图 9-21 所示的【选项】菜单中的【插入字段】命令执行此操作。

4）【倾斜角度】微调框。用于设置文字的倾斜角度。

5）【追踪】微调框。用于增大或减小所选字符之间的距离。1.0 是常规间距，设置大于 1.0 可增大字符间距，设置小于 1.0 可减小间距。

6）【宽度因子】微调框。用于扩展或收缩选定字符。1.0 是常规宽度，设置大于 1.0 可增大字符宽度，设置小于 1.0 可减小字符宽度。

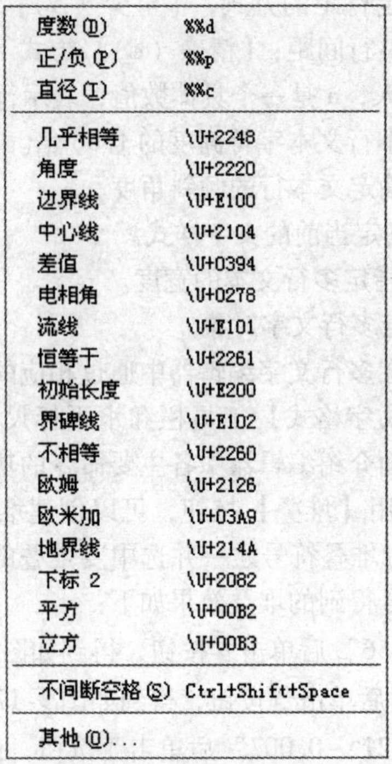

度数(D)　%%d
正/负(P)　%%p
直径(I)　%%c
几乎相等　\U+2248
角度　\U+2220
边界线　\U+E100
中心线　\U+2104
差值　\U+0394
电相角　\U+0278
流线　\U+E101
恒等于　\U+2261
初始长度　\U+E200
界碑线　\U+E102
不相等　\U+2260
欧姆　\U+2126
欧米加　\U+03A9
地界线　\U+214A
下标 2　\U+2082
平方　\U+00B2
立方　\U+00B3
不间断空格(S)　Ctrl+Shift+Space
其他(O)...

图 9-18　【符号列表】

字符映射表
字体(F):
仿宋_GB2312
帮助(H)
α
复制字符(A):
α
选择(S)
复制(C)
高级查看(V)
U+03B1: 希腊文小写字母 Alpha

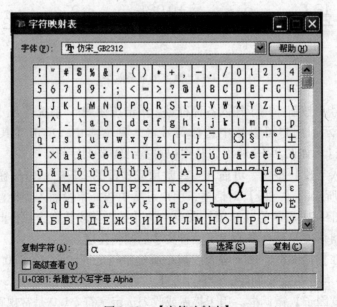

图 9-19　【字符映射表】

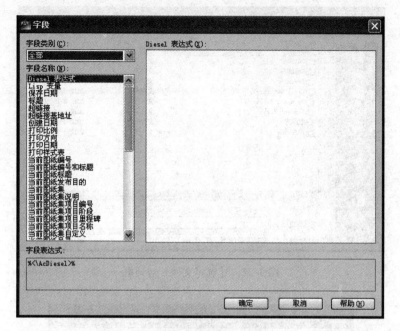

图 9-20　【字段】对话框

7）【选项】按钮。单击【选项】按钮 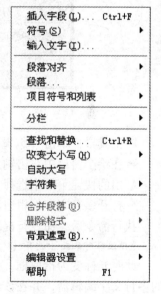，系统弹出【选项】菜单，如图 9-21 所示。其中多数命令与上述按钮重复，这里仅介绍不重复的命令。

【输入文字】命令：选择此命令，系统打开【选择文件】对话框，如图 9-22 所示。选择要输入的文本文件后，即可将文本文件中的文字插入到多行文字中。

【查找和替换】命令：可以进行多行文字的查找和替换，其操作方法与 Word 中的查找、替换功能相似。

【背景遮罩】命令：此命令用于设置文字编辑框是否使用背景。【边界偏移因子】用于指定文字周围不透明背景的大小，【填充颜色】用于设置不透明背景的颜色，如图 9-23 所示。

3．编辑多行文字

可以利用【编辑】命令对已创建的文字进行编辑，还可利用【特性】选项板来编辑文字。

1）用【编辑】命令编辑文字，有以下四种方法：

➢ 命令行：输入 DDEDIT。

➢ 菜单栏：单击【修改】→【对象】→【文字】→【编辑】。

图 9-21　【选项】菜单

图 9-22　【选择文件】对话框

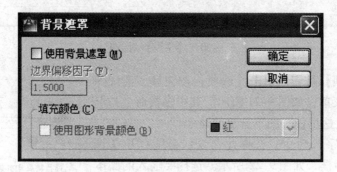

图 9-23　【背景遮罩】对话框

➤ 工具栏：单击【编辑】 🔠 按钮。

➤ 在绘图窗口中双击输入的多行文字，或在选中输入的多行文字上右击，从弹出的快捷菜单中选择【重复编辑多行文字】命令或【编辑多行文字】命令，打开多行文字编辑窗口。

执行命令后，命令行提示如下：

选择注释对象或 [放弃 (U)]：

此时光标变为拾取框，按要求选择需修改的多行文字，则弹出如图 9-16 所示的多行文字编辑器，并在该编辑器中显示所选择的文字，以供用户编辑。

当编辑完对应的文字后，AutoCAD 2012 命令行继续提示如下：

选择注释对象或 [放弃 (U)]：

此时可以继续选择文字进行修改或按 <Enter> 键结束命令。

2）利用【特性】选项板编辑文字。使用下列四种方法可启用【特性】选项板。

> 命令行：输入 DDMODIFY 或 PROPERTIES。
> 菜单栏：单击【工具】→【选项板】→【特性】。
> 工具栏：单击【特性】圓按钮。
> 在绘图窗口中单击输入的多行文字，在选中输入的多行文字上右击，从弹出的快捷菜单中选择【特性】命令，打开【特性】对话框。

执行命令后，弹出如图 9-24 所示的【特性】对话框，选取要修改的文本后，在对话框中会看到要修改文本的特性，包括文本的内容、样式、高度、旋转角度等特性。可以在对话框中对这些特性进行修改。

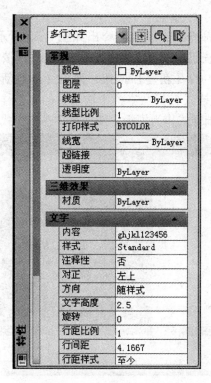

图 9-24 【特性】对话框

9.3 表格样式及创建表格

在机械图样中经常要用到表格，如标题栏、零件图中的参数表、装配图中的明细表等。AutoCAD 2012 可通过创建表格命令来创建数据表，从而取代先前利用绘制线段和文本来创建表格的方法。用户可直接利用默认的表格样式创建表格，也可自定义或修改已有的表格样式。

9.3.1　定义表格样式

1. 命令调用方式

表格样式用于控制一个表格的外观属性。用户可以通过修改已有的表格样式或新建表格样式来满足绘制表格的需要。可利用【表格样式】命令定义表格样式。通过以下三种方法可启用【表格样式】命令。

➤ 命令行：输入 TABLESTYLE。

➤ 菜单栏：单击【格式】→【表格样式】。

➤ 工具栏：单击【表格样式】 按钮。

2. 新建表格样式

执行【表格样式】命令后，系统会弹出如图 9-25 所示的【表格样式】对话框。对话框中【新建】按钮用于新建表格样式，【修改】按钮用于对已有表格样式进行修改。单击对话框中的【新建】按钮，弹出【创建新的表格样式】对话框，如图 9-26 所示，在【新样式名】文本框中输入新的表格样式名，在【基础样式】下拉列表中选择一种基础样式作为模板，新样式将在该样式的基础上修改。

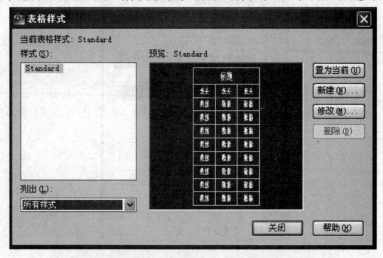

图 9-25　【表格样式】对话框

图 9-26　【创建新的表格样式】对话框

单击【继续】按钮，弹出【新建表格样式】对话框，在该对话框中可以设置数据、列表头和标题的样式，如图 9-27 所示。

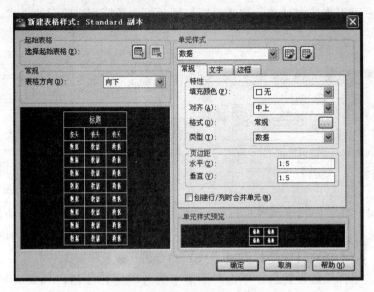

图 9-27 【新建表格样式】对话框

对话框中各选项组参数的设置方法具体如下：

➤【起始表格】选项组：可以在图形中指定一个表格用作样例来设置此表格样式的格式，图形中没有表格，可不选。单击其右边的按钮，可取消选择。

➤【常规】选项组：用于设置表格方向，有【向上】和【向下】两个命令，默认向下。

➤【单元样式】选项组：在【单元样式】下拉列表中有【标题】、【表头】、【数据】三个命令，可分别用于设置表格标题、表头和数据单元的样式。三个命令中均包含有【常规】、【文字】和【边框】三个选项卡。【单元样式】默认为【数据】，还可通过单击下拉列表右侧的按钮，创建一个新单元样式。

➤选择【数据】选项组的【常规】选项卡，在【特性】选项组中可设置单元的填充颜色、对齐、类型等项；【页边距】选项组用于设置单元边界与单元内容之间的间距，如图 9-28 所示。

➤选择【数据】选项组的【文字】选项卡，在【特性】选项组中可设置文字样式、文字高度、文字颜色和文字角度，如图 9-29 所示。

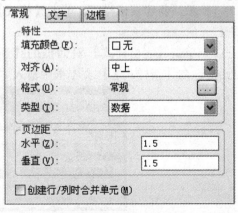

图 9-28 【常规】选项卡

➢ 选择【数据】选项组的【边框】选项卡，在【特性】选项组中可设置数据边框线的各种形式，包括线宽、线型、颜色、是否双线、边框线有无等，如图9-30所示。用户可以直接在【单元样式预览】图片框中预览相应单元的样式。

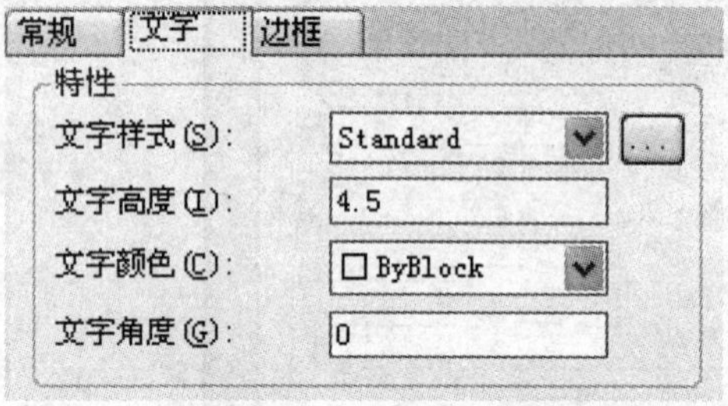

图 9-29　【文字】选项卡 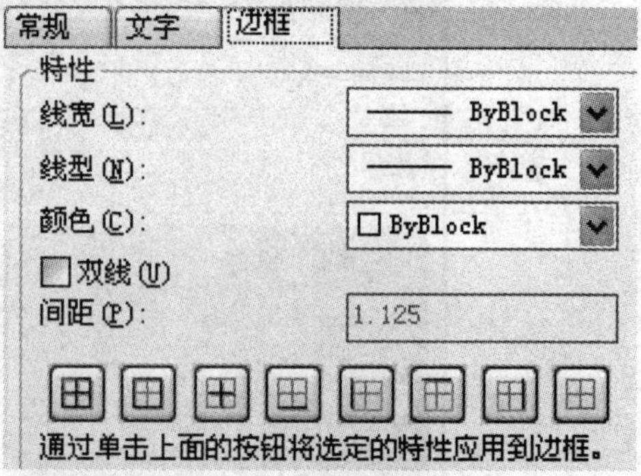　　　　　　　图 9-30　【边框】选项卡

➢【标题】和【表头】命令的内容及设置方法同上所述。标题栏表格不包含标题和表头，可不必对【标题】和【表头】命令进行设置。

完成表格样式的设置后，单击对话框中的【确定】按钮，AutoCAD 2012 返回到如图 9-25 所示的【表格样式】对话框，并将新定义的样式显示在【样式】列表框中。单击对话框中的【关闭】按钮，关闭对话框，完成新表格样式的定义。

如果在图 9-25 所示的对话框中的【样式】列表框中选中要修改的表格样式，单击【修改】按钮，将打开与图 9-27 类似的对话框，利用该对话框可以修改已有表格的样式。

【例 9-4】定义新表格样式。其中，表格样式名为"标题栏"，表格的标题、表头和数据单元格的设置均相同，即文字样式采用【例 9-2】定义的"机械图样文字"，单元格数据居中，且数据距离单元格边界的距离均为 0.5。

操作步骤如下：

1）激活新建表格样式，单击【格式】→【表格样式】，弹出【表格样式】对话框。

2）单击【表格样式】对话框的【新建】按钮，弹出【创建新的表格样式】对话框，在【新样式名】文本框中输入"标题栏"，如图 9-31 所示。

图 9-31　【创建新的表格样式】对话框

　　3）单击【继续】按钮，弹出【新建表格样式：标题栏】对话框，如图9-32所示。

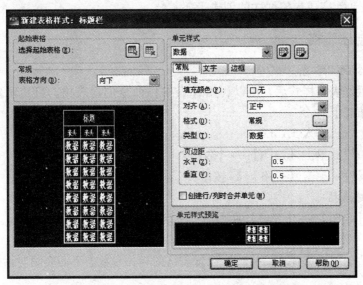

图9-32　【新建表格样式：标题栏】对话框

　　在【数据】选项组的【常规】选项卡中，【对齐】设为"正中"，【页边距】选项组中的【水平】、【垂直】均设为0.5，其余采用默认设置，如图9-32所示。在【文字】选项卡中，【文字样式】设为"机械图样文字"，【文字高度】为5，其余采用默认设置，如图9-33所示。

　　在【边框】选项卡中对表格边框进行相应的设置，在【线宽】下拉列表中选择0.25mm，在【线型】下拉列表中选择"Continuous"，单击【内边框】⊞按钮将设置应用到内边框线；再在【线宽】下拉列表中选择0.50mm，在【线型】下拉列表中选择"Continuous"，单击【外边框】⊡按钮，将设置应用到外边框线。其余采用默认设置，如图9-34所示。

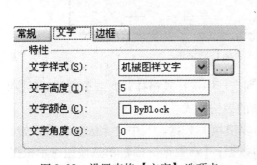

图9-33　设置表格【文字】选项卡

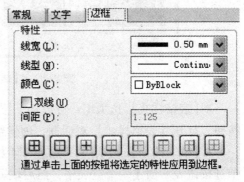

图9-34　设置表格【边框】选项卡

然后，对标题和表头进行同样的设置（过程略）。

单击对话框中的【确定】按钮返回到【表格样式】对话框，单击对话框中的【关闭】按钮，完成表格样式的创建。

9.3.2　创建表格

1. 命令调用方式

在设置好表格样式后，可以利用【表格】命令创建表格。可使用下列三种方法启用【表格】命令：

➢ 命令行：输入 TABLE。

➢ 菜单栏：单击【绘图】→【表格】。

➢ 工具栏：单击【表格】 按钮。

2. 新建表格

执行【绘图】→【表格】命令后，系统打开【插入表格】对话框，如图 9-35 所示。

该对话框用于选择表格样式，设置表格的相关参数。下面介绍对话框中主要命令的功能。

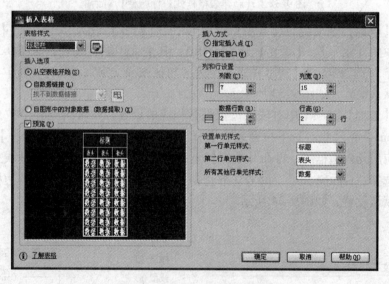

图 9-35　【插入表格】对话框

➢【表格样式】选项组：可以从下拉列表框中选择表格样式，或单击其后的 按钮，打开【表格样式】对话框，创建新的表格样式。

➢【插入选项】选项组：确定如何为表格填写数据。其中，【从空表格开始】单选按钮表示创建一个空表格，然后填写数据；【自数据链接】单选按钮表示根据已有的 Excel 数据表创建表格。选中【自数据链接】单选按钮后，可通过 （启动【数据链接管理器】对话框）按钮建立与已有 Excel 数据表的链接；【自图形中的对象数据（数据提取）】单选按钮表示可以通过数据提取向导来提取图形中的数据。

➢【预览】复选框及图片框用于预览表格的样式。

➢【插入方式】选项组：用于确定将表格插入到图形时的插入方式。其中，选中【指定插入点】单选按钮表示将通过在绘图窗口指定一点作为表的一角点位置的方式插入表格。如果表格样式将表的方向设置为由上而下读取，插入点为表的左上角点；如果表格样式将表的方向设置为由下而上读取，插入点位于表的左下角点。选中【指定窗口】单选按钮表示将通过指定一窗口的方式确定表的大小与位置。

➢【列和行设置】选项组：用于设置表格的列数、行数以及列宽与行高。

➢【设置单元样式】选项组：可以通过与【第一行单元样式】、【第二行单元样式】和【所有其他行单元样式】对应的下拉列表框，分别设置第一行、第二行和其他行的单元样式。每个下拉列表中有【标题】、【表头】和【数据】三个命令。

通过【插入表格】对话框完成表格的设置后，单击【确定】按钮，然后根据提示确定表格的位置，即可完成表格插入到图形，且插入后会弹出【文字格式】工具栏，同时将表格中的第一个单元醒目显示，此时就可以直接向表格输入文字，如图 9-36 所示。

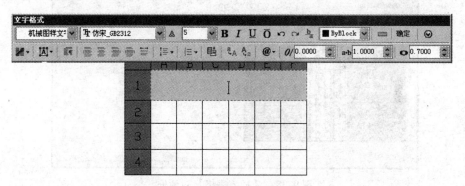

图 9-36　在表格中输入文字

输入文字时，可以利用 <Tab> 键和箭头键在各单元格之间进行切换。为表格输入文字后，单击【文字格式】工具栏中的【确定】按钮，或在绘图屏幕上任意一点单击可关闭【文字格式】工具栏。

【例 9-5】创建一个表格，采用【例 9-4】中的样式，创建如图 9-37 所示的标题栏。创建表格的方法和步骤如下：

1）执行【绘图】→【表格】命令后，系统打开如图 9-35 所示的【插入表格】对话框。在【表格样式】下拉列表框中选择"标题栏"样式，【插入选项】选择【从空表格开始】，【插入方式】选择【指定插入点】，【列和行设置】选项组

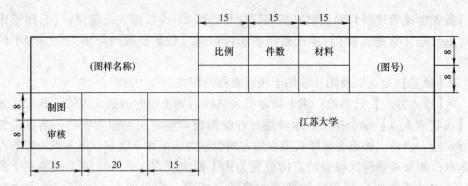

图 9-37　标题栏格式

中分别输入"7"列、列宽"15"，数据行"2"（如果总共 4 行则该项只能输入 2，因第 1、2 行是默认的）、行高"1"，单元格样式全部选择"数据"，如图 9-38 所示。单击【确定】按钮，系统在指定的插入点自动插入一个空表格，并显示多行文字编辑器，如图 9-39 所示，用户可逐行逐列地输入相应的文字或数据。单击【确定】按钮，先退出文字编辑器。

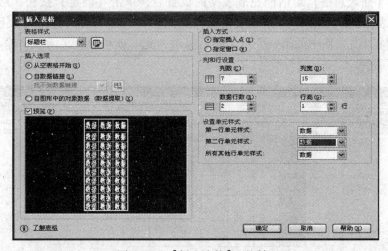

图 9-38　【插入表格】对话框

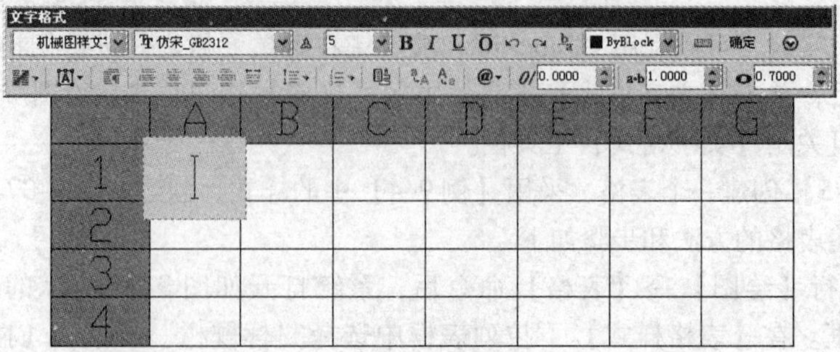

图 9-39　空表格和多行文字编辑器

2）调整行高和列宽。选中所有单元格，单击鼠标右键，在快捷菜单中选择【特性】命令，【特性】对话框（如图 9-40 所示）中，将【单元高度】设为 "8"。选中表格第 2 列单元格，如图 9-41 所示，在【特性】对话框中将【单元宽度】改为 "20"。采用同样方法将第 7 列【单元宽度】改为 "25"。调整行高和列宽后的表格如图 9-42 所示。调整行高和列宽时，也可以在选中单元格后通过移动单元格夹点来改变单元格的大小。

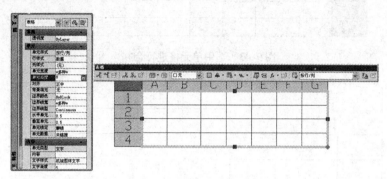

图 9-40　【特性】对话框

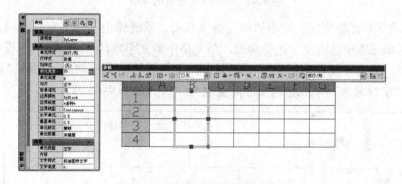

图 9-41　选中单元格调整列宽

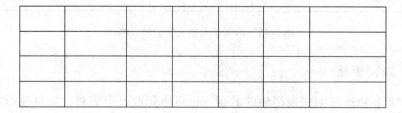

图 9-42　调整行高和列宽后的表格

3）合并单元格。选中前两行前 3 列单元格，单击【表格】工具栏中的【合并单元】按钮，如图 9-43 所示，在弹出的命令中选择【全部】，则完成前两行前三列单元格的合并。采用同样的方法将需要合并的单元格进行合并，合并后的表格如图 9-44 所示。合并单元格操作，也可在选中需合并的单元格后单击鼠标右键，在弹出的快捷菜单中选择【合并】→【全部】。

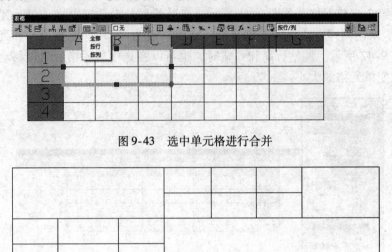

图 9-43　选中单元格进行合并

图 9-44　合并单元格后的表格

4）填写单元格文字：在表格单元格内双击，系统弹出多行文字编辑器，即可输入或对单元格中已有文字进行编辑。单元格中的文字默认按表格样式中设置的样式和字高，但也可以在多行文字编辑器中改变单元格的文字格式，如将"图样名称"和"单位名称"单元格的文字高度改为"7"，如图 9-45 所示。

		比例	件数	材料	
（图样名称）					（图号）
制图					
审核			江苏大学		

图 9-45　填写单元格文字后的表格

9.3.3　编辑表格

用户可以修改已创建表格中的数据，也可以修改已有表格，如更改行高、列宽、合并单元格和删除单元格等。

1. 编辑表格数据

双击绘图屏幕中已有表格的某一单元格，会弹出【文字格式】工具栏，并将表格置为编辑模式，同时将所双击的单元格醒目显示，其效果如图 9-46 所示，在编辑模式下修改表格中的各数据后，单击【文字格式】工具栏中的【确定】按钮，即可完成表格数据的修改。

图 9-46　表格编辑数据模式

2. 编辑表格

1）利用夹点功能可以修改已有表格的列宽和行高。

更改方法：选择相应的单元格，会在该单元格的 4 条边上各显示出一个夹点，并显示出【表格】工具栏，如图 9-47 所示。

图 9-47　表格编辑模式

通过拖动夹点，就能够改变相应行的高度或相应列的宽度。利用【表格】工具栏，可以对表格进行各种编辑操作，如插入行、插入列、删除行、删除列及合并单元格等，具体操作与 Excel 中对表格的编辑类似。

2）利用快捷菜单修改表格。当选中整个表格时右击，弹出的快捷菜单如图 9-48所示，从中可以选择对表格进行剪切、复制、删除、移动、缩放和旋转等简单操作，还可以均匀调整表格的行、列大小，删除所有特性替代。

当选中表格单元时右击，弹出的快捷菜单如图 9-49 所示。使用它可以编辑表格单元，其主要命令的功能如下：

➤【对齐】：在该命令子菜单中可以选择表格单元的对齐方式，如左上、左中、左下等。

➤【边框】：选择该命令将打开【单元边框特性】对话框，可以设置单元格边框的线宽、颜色等特性。

➤【匹配单元】：用当前选中的表格单元格式匹配其他表格单元，此时鼠标指针变为刷子形状，单击目标对象即可进行匹配。

➤【插入点】→【块】：单击将打开【在表格单元中插入块】对话框，可以从中选择插入到表格中的块，并设置块在表格单元中的对齐方式、比例和旋转角度等特性。

➤【编辑文字】：可对选中表格单元内的文字进行编辑。

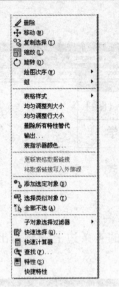

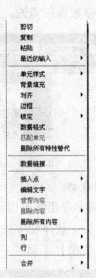

图 9-48　选中整个表格时的快捷菜单

图 9-49　选中表格单元时的快捷菜单

习　题

1. 标注如图 9-50 所示文字，字体为“宋体”，文字高度为 5，宽度因子为 1。

技术要求

1. 硬模铸造。
2. 不加工平面涂漆。
3. 未注公差尺寸及对称结构的定位尺寸公差均按 GB/T 1804—m 给定。

图 9-50　文字标注练习

2. 绘制如图 9-51 所示标题栏，具体尺寸参考 GB/T 10609.1—2008。

4	GB/T 70.1—2008	内六角螺钉	4	35			M10×40
3		斜楔	2	T10A			58～62HRC
2	GB/T 70.1—2008	内六角螺钉	4	35			M10×40
1	GB/T 2861.6—2008	导套	2	20			58～62HRC
序号	代号	名称	数量	材料	单件重量	总计重量	备注

						装配图			(单位名称)
标记	处数	分区	更改文件号	签名	年 月 日				铰链弯曲模
设计	(签名)		标准化	(签名)	(年月日)	阶段标记	质量	比例	
审核								1:1	ZPT−02
工艺			批准			共　张　第 02 张			

图 9-51　标题栏绘制练习

第10章 高级绘图工具、样板文件及数据查询

10.1 【特性】选项板

利用 AutoCAD 2012 提供的【特性】选项板，可以浏览或修改已有对象的特性。启用【特性】命令的方法为：

➤ 命令行：输入 PROPERTIES。

➤ 菜单栏：单击【工具】→【选项板】→【特性】。

➤ 工具栏：单击【特性】 按钮。

执行 PROPERTIES 命令，AutoCAD 2012 打开如图 10-1 所示的【特性】选项板。

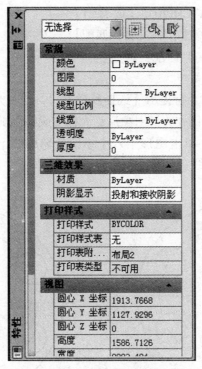

图 10-1 【特性】选项板

打开该选项板后，如果没有在绘图窗口选中图形对象，选项板内将显示绘图环境的特性及其当前设置；如果选择单一对象，在选项板内列出该对象的全部特性及

其当前设置；如果选择同一类型的多个对象，在选项板内列出各对象的共有特性及其当前设置；如果选择的是不同类型的多个对象，在选项板内则列出各对象的基本特性以及它们的当前设置。

【特性】选项板有如下两点说明：

1）用户可以通过【特性】选项板修改所选择的某一对象或几个对象的可修改特性。例如，选中图形中的尺寸后，AutoCAD 2012 在【特性】选项板中显示该尺寸的全部特性，此时可以通过【特性】选项板修改尺寸箭头、尺寸文字等设置。

2）打开【特性】选项板并选择图形对象后，可以通过按 < Esc > 键的方式来取消对对象的选择。

10.2　对象特性匹配

【特性匹配】即特性刷功能，可以在不同的对象间复制共性的特性，也可以将一个对象的某些或全部特性复制到其他对象上。

1. 命令调用方式

➤ 命令行：输入 MATCHPROP（或 MA）。

➤ 菜单栏：单击【修改】→【特性匹配】。

➤ 工具栏：单击【特性匹配】⬚ 按钮。

2. 命令调用执行方式

1）激活命令后，命令行提示【选择源对象:】，这时光标变为选择框，选择如图 10-2 所示的粗实线外圆作为源对象后，光标变成特性刷和选择框⬚。

2）用选择框⬚逐一单击图形中六个小圆的轮廓线，结束选择后的图形如图 10-3 所示，此时小圆的线宽、颜色等特性与大圆相同。

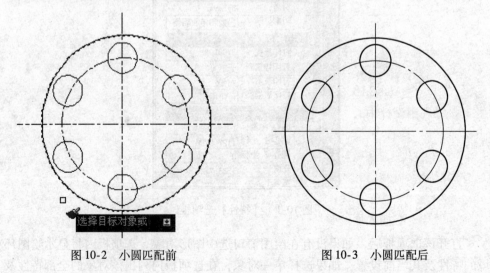

图 10-2　小圆匹配前　　　　　　　　　　图 10-3　小圆匹配后

3. 【特性设置】对话框设置

默认情况下是将对象全部特性复制到其他对象上，若要部分复制，可打开【特性设置】对话框进行设置。

激活【特性匹配】命令后，先选择源对象，当光标变成特性刷　时，在命令行输入 S，可打开【特性设置】对话框，如图 10-4 所示。

在【特性设置】对话框中，清除不希望复制的项目（默认情况下所有项目都打开）。

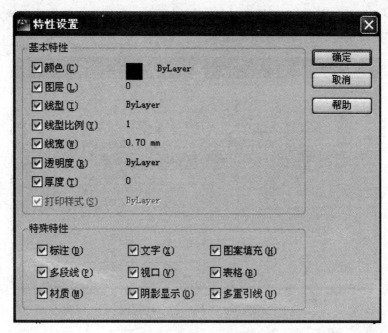

图 10-4　【特性设置】对话框

10.3　利用设计中心插入对象

设计中心是 AutoCAD 2012 提供的一个直观、高效且与 Windows 资源管理器类似的工具。利用设计中心，不仅可以浏览、查找、管理 AutoCAD 2012 图形等资源，还可以通过简单的拖放操作，将位于本地计算机、局域网或互联网上的 AutoCAD 2012 图形、块、图层、文字样式以及标注样式等对象插入到当前图形，从而能够使已有资源得到再利用和共享，提高图形设计与管理的效率。

1. 插入块

通过设计中心插入块的方法通常有两种：一种方法是插入块时自动换算插入比例；另一种方法是插入块时由用户确定插入比例和旋转角度。

1）插入块时自动换算插入比例。插入过程如下：

通过树状视图区找到并选中包含所需块的图形，在内容区中双击【块】图标，找到需要插入的块，将其拖至 AutoCAD 2012 绘图窗口（方法：将光标放到相应块的上方，长按左键并移动鼠标，当将块拖动到绘图窗口内需要插入的位置后释放左键），即可实现块的插入，此时 AutoCAD 2012 按在定义块时确定的块单位（见 7.1 节）自动转换插入比例，且插入时的块旋转角度为 0。

2）按指定的插入点、插入比例和旋转角度插入块，具体方法如下：

从设计中心的内容区选中需要插入的块并右击，然后从快捷菜单选择【插入块】命令，打开如图 10-5 所示的【插入】对话框，利用该对话框确定插入点、插入比例和旋转角度，从而实现块的插入。

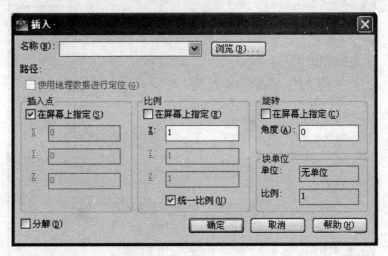

图 10-5 【插入】对话框

插入块的过程有如下 4 点说明：

① 当其他命令处于激活状态时，不能通过设计中心向当前图形插入块。

② 一次只能插入一个块。

③ 插入块后，块定义和块定义的说明部分也会复制到图形中，即以后可以在当前图形用 INSERT 命令插入相应的块。

④ 可以利用上述插入块的方法，将已有图形以块的形式插入到当前图形中。

2. 在图形中复制命名对象

利用设计中心，用户可以将已有图形中的图层、文字样式、标注样式及表格样式等命名对象通过拖放操作添加到当前图形。具体方法：打开设计中心，在内容区找到相应内容，然后将它们拖至当前打开图形的绘图窗口中，即可完成相应内容的添加。

说明：使用 AutoCAD 2012 绘制工程图时，一般应根据需要设置相应的图层、定义文字样式和标注样式等。如果每绘制一幅图形均执行这样的设置或定义，需要做许多重复工作，而利用设计中心，则可以方便地直接将其他图形中的相关设置复制到当前图形，从而可提高绘图的效率。

10.4　工具选项板

用户可以将常用的块、填充图案、表格等命名对象或 AutoCAD 2012 命令等放到工具选项板上，通过它们方便地执行相应的操作。

启用 AutoCAD 2012 工具选项板的方法为：

➢ 命令行：输入 TOOLPALETTES。

➢ 菜单栏：单击【工具】→【选项板】→【工具选项板】。

➢ 工具栏：单击【工具选项板】按钮。

执行 TOOLPALETTES 命令，打开工具选项板，如图 10-6 所示。工具选项板中有若干个工具选项卡，每个选项卡内放有一些工具，如填充图案、绘图及创建表格命令等。利用工具选项板，可以将选项板上的某一图案填充到指定的封闭区域，实现插入块、创建相应的表格或执行 AutoCAD 2012 命令等操作。

10.4.1　使用工具选项板

1. 利用工具选项板填充图案

通过工具选项板填充图案的方法有两种。一种方法是单击工具选项板上的某一图标，AutoCAD 2012 提示如下：—【指定插入点：】，此时在绘图窗口中，在需要填充图案的区域内任意拾取一点，即可实现图案的填充。另一种方法是通过拖动的方式填充图案，即将工具选项板上的某一图案拖至绘图窗口中某一区域，从而实现填充。

2. 利用工具选项板插入块、表格

通过工具选项板插入块和表格的方法有两种。一种方法是单击工具选项板上的块图标或表格图标，然后根据提示确定插入点等参数。另一种方法是通过拖动的方式插入块或表格，即将工具选项板上的块图标或表格图标拖至绘图窗口来插入相应的块或表格。

3. 利用工具选项板执行 AutoCAD 2012 命令

通过工具选项板执行 AutoCAD 2012 命令的方法与通过工具栏执行命令的方式相同，即在工具选项板上单击相应的图标，然后根据提示操作即可。

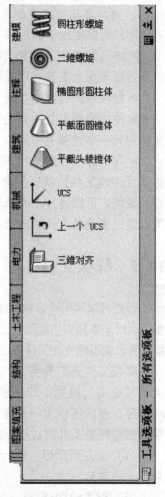

图 10-6　工具选项板

10.4.2　定制工具选项板

1. 添加工具选项板选项卡

为工具选项板添加选项卡的方法：打开工具选项板，在该选项板上右击，从快捷菜单选择【新建选项板】命令，即可按系统提供的默认名称建立新的选项卡，用户可以为新创建的选项卡指定名称。

2. 为工具选项板添加工具

用户可以使用下面四种方法为工具选项板选项卡添加工具：

➢ 将几何对象（例如直线、圆和多段线）、标注的尺寸、文字、图案填充、块以及表格等拖至工具选项板选项卡。

➢ 将块等从设计中心拖至工具选项板选项卡。

➢ 使用剪切、复制和粘贴等功能，将工具选项板上某一选项卡中的工具移动或复制到另一个选项卡中。

➢ 在设计中心的树状图中的文件夹、图形文件或块上右击，然后在快捷菜单中选择【创建工具选项板】命令，可创建包含预定义内容的工具选项卡。

说明：可以通过工具选项板快捷菜单删除选项卡、重命名选项卡或删除工具；可以通过拖动的方式更改选项卡上工具的排列顺序。

10.5　样板文件

虽然可以利用设计中心将其他图形中的图层、文字样式、标注样式、表格样式或块等命名对象添加到当前图形，但仍然需要用户利用设计中心进行拖动操作。如果利用样板文件，则可以先在文件中定义各种设置，绘图时以样板文件为模板绘图即可。

样板文件是扩展名为".dwt"的文件。样板文件上包含一些与绘图相关的标准（或通用）设置，如图形界限、绘图单位、图层、文字样式、标注样式及表格样式等，通常还包含一些通用和常用图形对象，如图框、标题栏以及各种符号块等。创建样板文件的过程一般如下。

（1）建立新图形　执行 NEW 命令，建立新图形（也可以打开已有图形，在其基础上修改）。

（2）设置绘图环境　进行必要的绘图设置，如设置图形界限、绘图单位、图层、栅格显示、栅格捕捉以及极轴追踪等。

（3）绘制固定图形　如绘制图框和标题栏等（也可以将标题栏定义成含有属性的块）。

（4）定义常用符号块　如定义表面粗糙度符号块、基准符号块和常用标准件块等。可以直接通过设计中心从有这些块的图形中将它们复制到当前图形。

（5）定义各种样式　如定义文字样式、标注样式及表格样式等，可以直接通过设计中心从有这些样式的图形中将它们复制到当前图形。

（6）打印设置　设置打印页面、打印设备等。

（7）保存图形　执行 SAVEAS 命令，将当前图形以".dwt"格式保存。

10.6　数据查询

使用 AutoCAD 2012 绘制的每个图形对象都具有自己的特征。例如，直线有长度、端点坐标等；圆有圆心、半径等。除此之外，每个对象还有图层、颜色以及线型等特征。这些特征统称为对象的数据信息。利用 AutoCAD 2012 提供的查询功能，可以方便地得到对象的数据信息。

10.6.1　查询距离

1. 功能

查询两个点之间的距离以及相关数据。

2. 命令调用方式

➢ 命令行：输入 DIST。

➢ 菜单栏：单击【工具】→【查询】→【距离】。

➢ 工具栏：单击【距离】 按钮。

3. 命令执行方式

执行 DIST 命令，AutoCAD 2012 命令行提示如下：

指定第一点：（确定第一点，如输入"100，200"后按 < Enter > 键）

指定第二点：（确定另一点，如输入"300，300"后按 < Enter > 键）

距离 = 223.6068，XY 平面中的倾角 = 27，与 XY 平面的夹角 = 0

X 增量 = 200.0000，Y 增量 = 100.0000，Z 增量 = 0.0000

输入选项［距离（D）/半径（R）/角度（A）/面积（AR）/体积（V）/退出（X）］< 距离 >：X（按 < Enter > 键）

命令行提示结果说明点（100，200）与点（300，300）之间的距离是 223.6068；这 2 个点之间的连线在 XY 面上的投影与 X 轴正方向的夹角为 27°，该连线与 XY 平面的夹角为 0°；2 点在 X、Y、Z 方向的坐标差分别为 200.0000、100.0000 和 0.0000。

10.6.2　查询面积

1. 功能

计算以若干点为角点构成的多边形区域或由指定对象所围成区域的面积与边长，还可以进行面积的加、减运算。

2. 命令调用方式

➢ 命令行：输入 AREA。

➤ 菜单栏：单击【工具】→【查询】→【面积】。

➤ 工具栏：单击【面积】 ▭ 按钮。

3. 命令执行方式

执行 AREA 命令，AutoCAD 2012 命令行提示如下：

指定第一个角点或 ［对象 (O) /增加面积 (A) /减少面积 (S) /退出 (X)］ ＜对象＞：

下面介绍各命令的功能及其操作。

1）【指定第一个角点】。计算以指定点为顶点所构成的多边形的面积与周长，为默认命令。执行该默认命令，AutoCAD 2012 命令行继续提示如下：

指定下一个点或 ［圆弧 (A) →长度 (L) →放弃 (U)］：

在上述提示下指定一系列点后，在【指定下一个点或 ［圆弧 (A) →长度 (L) →放弃 (U) →总计 (T)］ ＜总计＞：】提示下按 ＜Enter＞ 键（注意：指定 3 个点后，会在提示中显示"总计"命令），AutoCAD 2012 命令行显示如下：

面积 = （计算出的面积），周长 = （相应的周长）

输入选项 ［距离 (D) →半径 (R) →角度 (A) →面积 (AR) →体积 (V) →退出 (X)］ ＜面积＞：X（按 ＜Enter＞ 键）

在【指定下一个点或 ［圆弧 (A) →长度 (L) /放弃 (U)］：】提示中，可以由【圆弧 (A)】命令通过指定圆弧参数来确定由圆弧围成的区域；由【长度 (L)】命令通过指定长度尺寸来确定相应的点。

2）【对象 (O)】。计算由指定对象所围成区域的面积。执行该命令，AutoCAD 2012 命令行提示【选择对象】，在此提示下选择对象，AutoCAD 2012 将计算并显示出相应的面积与周长。

3）【增加面积 (A)】。进入加入模式，即依次将计算出的新面积加到总面积中。执行该命令，AutoCAD 2012 要求继续进行计算面积操作并提示：

指定第一个角点或 ［对象 (O) →减少面积 (S) →退出 (X)］：

此时，可以通过输入点（执行【指定第一个角点】命令）或选择对象（执行【对象 (O)】命令）的方式计算相应的面积，每进行一次计算，AutoCAD 2012 命令行都会显示：

面积：（最后计算出的面积）周长 = （最后计算出的周长）

总面积 = （计算出的总面积）

指定第一个角点或 ［对象 (O) →减少面积 (S) →退出 (X)］：

此时，用户可继续进行面积计算的操作。

4）【减少面积 (S)】。进入扣除模式，即将新计算的面积从总面积中扣除。执行该命令，AutoCAD 2012 命令行提示：

指定第一个角点或 ［对象 (O) →增加面积 (A) →退出 (X)］：

此时，用户若执行【指定第一个角点】或【对象 (O)】命令，则 AutoCAD 2012 将由后续操作确定的新区域或指定对象的面积从总面积中扣除。

说明：利用【特性】选项板可查询图案填充区域的面积，使用方法为：打开

【特性】选项板，在图形中选择要查询面积的填充图案，AutoCAD 2012 将在【特性】选项板中显示相应的面积信息，如图 10-7 所示。

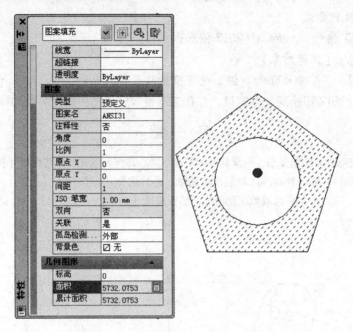

图 10-7 用【特性】选项板查询面积

10.6.3 查询点的坐标

1. 功能

查询指定点的坐标。

2. 命令调用方式

➤ 命令行：输入 ID。

➤ 菜单栏：单击【工具】→【查询】→【点坐标】。

➤ 工具栏：单击【定位点】 按钮。

3. 命令执行方式

执行 ID 命令，AutoCAD 2012 命令行提示【指定点：】，在此提示下指定需要查询的点（如捕捉某一特殊点），AutoCAD 2012 命令行显示出该点的坐标值。

10.6.4 列表显示

1. 功能

以列表形式显示指定对象的数据库信息。

2. 命令调用方式

➤ 命令行：输入 LIST。

➤ 菜单栏：单击【工具】→【查询】→【列表】命令。

➤ 工具栏：单击【列表】🖹 按钮。

3. 命令执行方式

执行 LIST 命令，AutoCAD 2012 依次提示：

选择对象：（选择对象）

选择对象：　（按＜Enter＞键，也可以继续选择对象）

AutoCAD 2012 切换到文本窗口，并在文本窗口中显示所选择对象的数据库信息。

习　　题

1. 请参照图 10-8 绘制图形，注意其中的对称、同心几何关系并计算其面积（提示：测量区域面积方法有两种：第一种是将区域制作成面域，然后选择【工具】→【查询】→【面域/质量特性】命令。第二种是将区域填充剖面线，然后选择【工具】→【查询】→【面积】命令）。

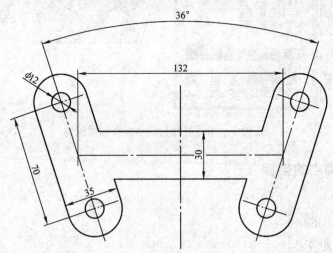

图 10-8　习题 1 图

2. 参照图 10-9 绘制图形，注意图中对称、相切、同心等几何关系并计算其面积。

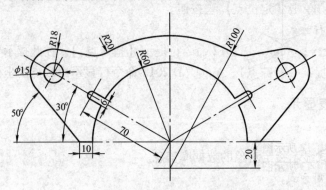

图 10-9　习题 2 图

3. 计算图 10-10 所示图形的面积。

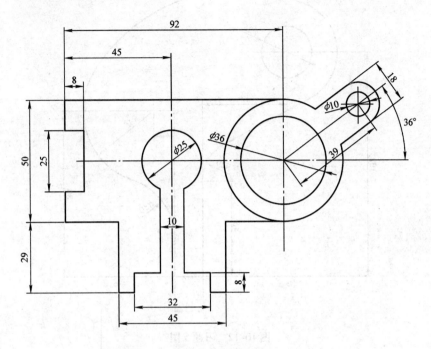

图 10-10　习题 3 图

4. 计算图 10-11 所示图形的面积。

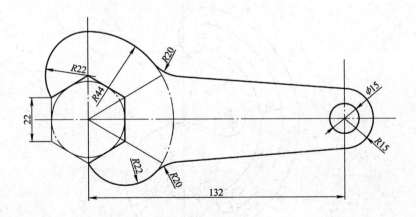

图 10-11　习题 4 图

5. 计算图 10-12 所示图形的面积。

6. 计算图 10-13 所示图形的面积。

7. 计算图 10-14 所示图形的面积。

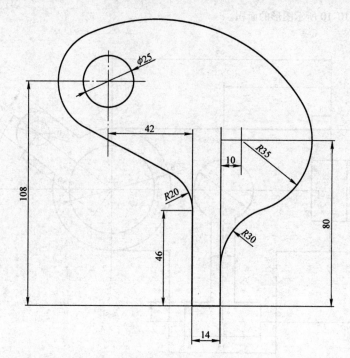

图 10-12　习题 5 图

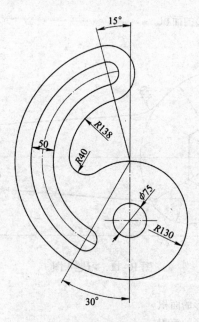

图 10-13　习题 6 图

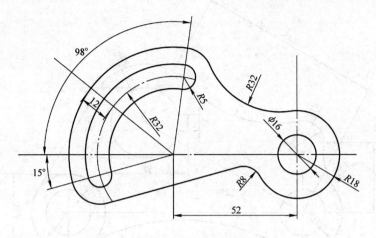

图 10-14 习题 7 图

8. 计算图 10-15 所示图形的面积。

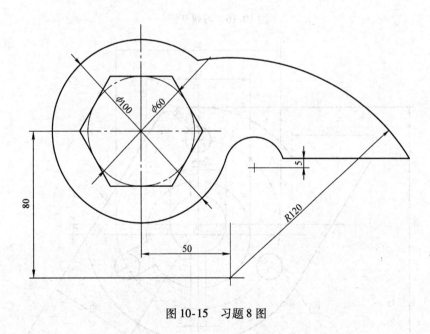

图 10-15 习题 8 图

9. 计算图 10-16 所示图形的面积。

10. 参照图 10-17 绘制图形，注意 L_1 和 L_2 相互平行，并计算该图形面积。

11. 参照图 10-18 绘制图形，注意其中的相切、同心、对称等约束关系，L_1 和 L_2 关于中心线对称，并计算该图形面积。

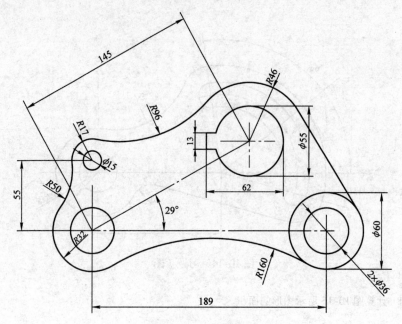

图 10-16　习题 9 图

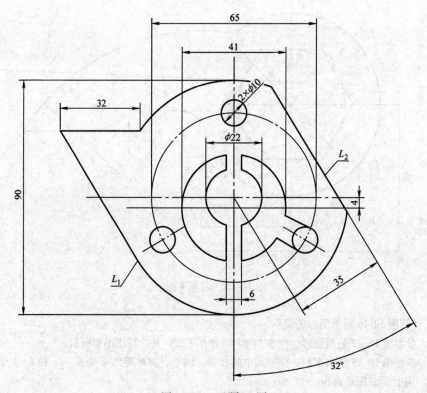

图 10-17　习题 10 图

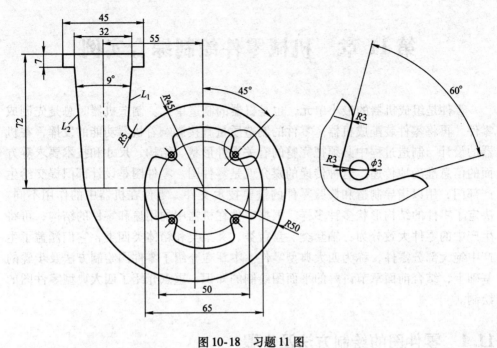

图 10-18　习题 11 图

第 11 章　机械零件绘制综合实例

零件是组成机器的最小单元，也是机器的制造单元。制造机器时总是先制成零件，再将零件装配成机器。零件的制造质量直接影响着机器功能的发挥，在机器的设计、制造过程中必须把完整的有关零件形状、结构、尺寸和技术要求等方面的信息准确地传递。这种传递的媒介就是零件图。零件图是设计部门提交给生产部门，用以指导制造和检验零件的重要技术文件。零件在机器中的作用不同，决定了零件的结构形状多种多样。根据零件在机器中的用途和零件的结构，可将生产中的零件大致分为：轴套类、盘盖类、叉架类和箱体类四类，它们涵盖了生产中绝大部分零件，称为四大典型零件。本章在介绍了零件图绘制方法及步骤的基础上，结合前面章节讲解的平面图绘制的知识，重点介绍了四大典型零件图的绘制。

11.1　零件图的绘制方法及步骤

用来表达零件形状、尺寸和技术要求的图样称为零件图。一张完整的零件图应包括以下基本内容。

（1）一组视图　用一组视图（包括基本视图、剖视图、断面视图等）正确、完整、清晰、简洁地表达零件的内、外形状和结构。

（2）一组完整的尺寸　用正确、完整、清晰、合理的尺寸标注反映零件各部分的大小与相对位置。

（3）必要的技术要求　用规定的符号、数字或文字来说明零件在制造和检验时应该达到的技术指标称为技术要求，包括表面粗糙度、尺寸公差、形位公差、热处理要求等。

（4）标题栏　用标题栏明确地列出零件的名称、数量、比例、图号、制图者和校核人员的姓名及日期等。

零件图的绘制方法及步骤如下：

1）定图幅。根据视图数量和大小，选择适当的绘图比例，确定图幅大小。

2）画出图框和标题栏。图框和标题栏的规格可以参考相应的手册。

3）布置视图。根据各视图的轮廓尺寸，画出确定各视图位置的基线，如图11-1 所示。画图基线包括：对称线、轴线、某一基面的投影线。注意各视图之间要留出标注尺寸的位置。

4）画底稿。按投影关系，逐个画出各个视图，如图 11-2 所示。

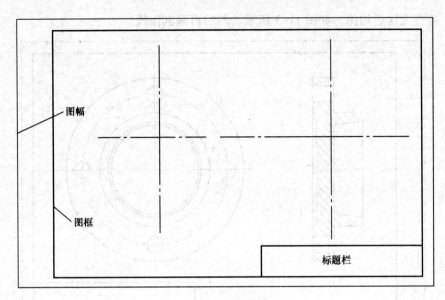

图 11-1　视图布置

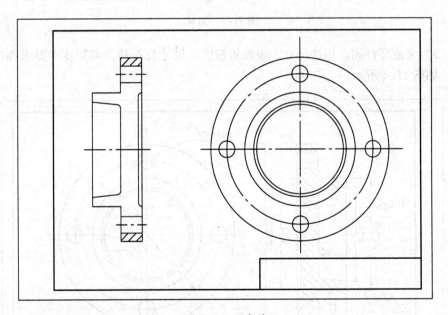

图 11-2　画底稿

底稿绘制步骤：

① 先画主要形体，后画次要形体。

② 先定位置，后定形状。

③ 先画主要轮廓，后画细节。

④ 加深并画剖面线。

检查无误后加深，如图 11-3 所示，然后再画剖面线。

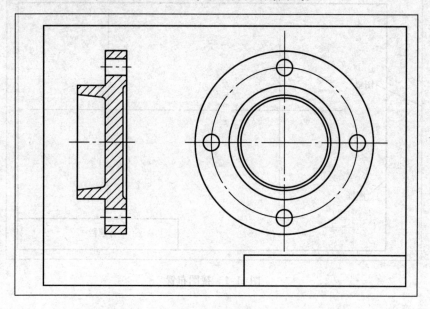

图 11-3　加深

5）完成零件图。标注尺寸、表面粗糙度、尺寸公差等，填写技术要求和标题栏，如图 11-4 所示。

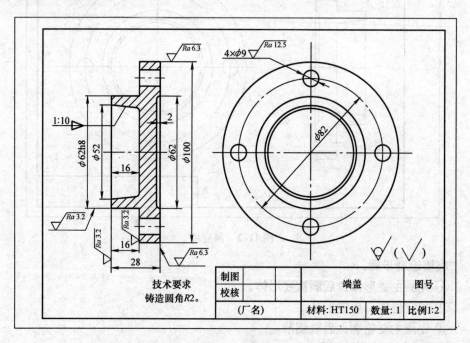

图 11-4　零件图

11.2　轴套类零件的绘制

图 11-5 所示是一种常见的轴，本节介绍该轴的绘制过程。

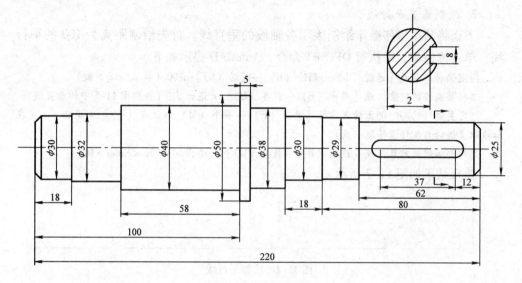

图 11-5　轴零件图

11.2.1　绘制图形

从图 11-5 可以看出，此齿轮轴主要是由一些平行线组成，本例将根据这一特点来进行绘制。首先建立新图形，并参照 4.1 节定义相应的图层。

1. 绘制中心线和垂直线

（1）绘制中心线　将【中心线】图层设为当前图层。单击"绘图"工具栏上的【直线】按钮，即执行 LINE 命令，AutoCAD 提示如下：

指定第一点：（参照图 11-5 在绘图屏幕的适当位置拾取一点）

指定下一点或 ［放弃（U）］：230，0（按 < Enter > 键）

指定下一点或 ［放弃（U）］：（按 < Enter > 键）

（2）绘制垂直线　将【粗实线】图层设为当前图层。单击对象捕捉按钮，执行 LINE 命令，AutoCAD 提示如下：

指定第一点：（选中已绘中心线的左端）

指定下一点或 ［放弃（U）］：5，0（按 < Enter > 键）

指定下一点或 ［放弃（U）］：0，25（按 < Enter > 键）

指定下一点或 ［放弃（U）］：　（按 < Enter > 键）

执行结果如图 11-6 所示。

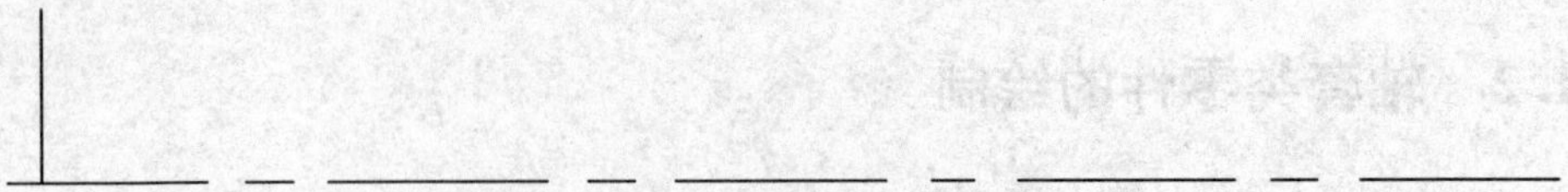

图 11-6　绘制中心线和垂直线

2. 绘制垂直平行线

下面将利用偏移操作绘制表示各轴段的垂直线。首先绘制距离为 100 的平行线，单击按钮，即执行 OFFSET 命令，AutoCAD 提示如下：

指定偏移距离或 ［通过（T）→删除（E）→图层（L）］：100（按 < Enter > 键）

选择要偏移的对象，或 ［退出（E）→放弃（U）］ < 退出 >：（拾取图 11-5 中的垂直线）

指定要偏移的那一侧上的点，或 ［退出（E）→多个（M）→放弃（U）］ < 退出 >：（在所拾取直线的右侧任意拾取一点）

选择要偏移的对象，或 ［退出（E）→放弃（U）］ < 退出 >：（按 < Enter > 键）

执行结果如图 11-7 所示。

图 11-7　绘制平行线

采用同样的方法，可以利用新得到的垂直线绘制所有其余的平行线，如图 11-8 所示（图中标注了各平行线之间的距离）。

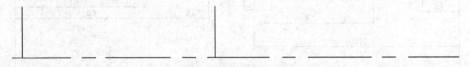

图 11-8　绘制垂直平行线

3. 绘制水平平行线

用同样的方法分别执行 OFFSET 命令，通过水平中心线绘制相应的平行线，如图 11-9 所示。

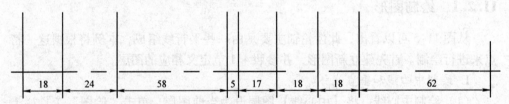

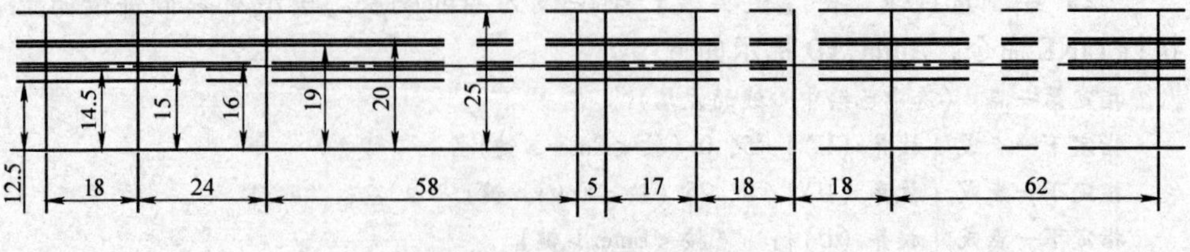

图 11-9　绘制水平平行线

4. 修剪

因需要修剪的内容较多，下面分步给予说明。单击"修改"工具栏上的【修剪】按钮，即执行 TRIM 命令，AutoCAD 提示如下：

选择对象或＜全部选择＞：（选择作为剪切边的对象，如图 11-10 所示，虚线对象为被选中对象）

选择对象：　（按＜Enter＞键或单击鼠标右键）

选择要修剪的对象，或按住＜Shift＞键选择要延伸的对象，或［栏选（F）→窗交（C）投影（P）→边（E）→删除（R）→放弃（U）］：（参照图 11-5 选中 φ25 的线段要被修剪部分）

选择要修剪的对象，或按住＜Shift＞键选择要延伸的对象，或［栏选（F）→窗交（C）→投影（P）→边（E）→删除（R）→放弃（U）］：　（按＜Enter＞键或单击鼠标右键）

执行结果如图 11-11 所示。

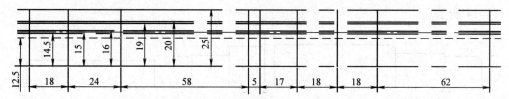

图 11-10　确定剪切边

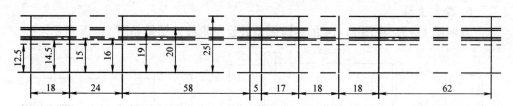

图 11-11　修剪结果

根据图 11-5，对图 11-11 做进一步的修剪，得到图 11-12 所示的结果。

图 11-12　修剪结果

5. 倒角

单击"修改"工具栏上的【倒角】按钮，即执行 CHAMFER 命令，AutoCAD 提示如下：

选择第一条直线或［放弃（U）→多段线（P）→距离（D）→角度（A）→修剪（T）→方式（E）→多个（M）］：D（按＜Enter＞键）

指定第一个倒角距离：2（按＜Enter＞键）

指定第二个倒角距离 <2.0>：　（按 <Enter> 键）

选择第一条直线或［放弃（U）→多段线（P）→距离（D）→角度（A）→修剪（T）→方式（E）→多个（M）］：

（单击最左端垂直线）

选择第二条直线，或按住 <Shift> 键选择要应用角点的直线：（单击最左端水平线）

执行结果如图 11-13 所示。

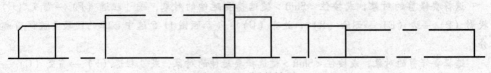

图 11-13　倒角结果

其他位置倒直角的方法与此类似，对图 11-13 进一步做倒角，得到的结果如图 11-14 所示。

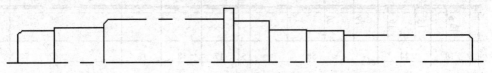

图 11-14　倒角结果

6. 绘制直线

参照图 11-5，在图 11-14 的相应倒角处绘制直线，结果如图 11-15 所示。

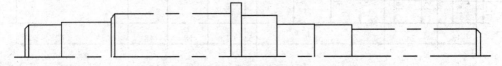

图 11-15　绘制直线

绘制这些直线时，可以通过捕捉垂直点的方式使所绘制直线与中心线准确相交；也可以将各直线绘制得稍长，与中心线相交，最后再进行修剪。

7. 更改线型

至此已绘制完轴的一半图形。需要注意的是，图 11-15 中的各水平线均是通过偏移中心线的方式得到的，垂直线是通过对初始的细实线偏移得到，因此还需要将相应的对象更改到【粗实线】图层，即更改为粗实线。

在图 11-15 中，选中需要更改图层的各对象，从"图层"工具栏中的图层列表中选中【粗实线】（图 11-16），即可实现图层的更改。

8. 镜像

单击"修改"工具栏上的【镜像】▲按钮，即执行 MIRROR 命令，AutoCAD 提示如下：

选择对象：（在图 11-15 中拾取除中心线之外的全部对象）

选择对象：（按＜Enter＞键）

指定镜像线的第一点：（在图11-15中捕捉长水平中心线的一端点）

指定镜像线的第二点：（在图11-15中捕捉长水平中心线的另一端点）

指定圆的圆心或［三点（3P）→相切、相切、半径（T）］：　（单击已绘制直线的左端点）

指定圆的半径或［直径（D）］：4（按＜Enter＞键）

是否删除源对象？［是（Y）→否（N）］＜N＞：　（按＜Enter＞键）

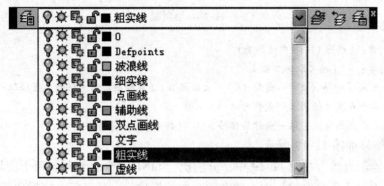

图 11-16　更改图层

执行结果如图 11-17 所示。

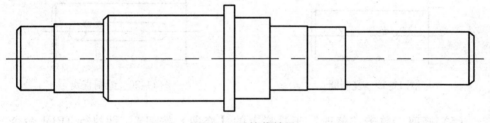

图 11-17　镜像结果

9. 绘制键槽

（1）绘制直线　单击"绘图"工具栏上的【直线按钮】 ✐ 按钮，即执行 LINE 命令，AutoCAD 提示如下：

指定第一点：（选取图11-17中中线点画线与最右端垂线的交点）

指定下一点或［放弃（U）］：@ -12,0　（按＜Enter＞键）

指定下一点或［放弃（U）］：　（按＜Enter＞键）

（2）绘制圆　单击"绘图"工具栏上的【圆】按钮 ⊙ ，即执行 CIRCLE 命令，AutoCAD 提示如下：

指定圆的圆心或［三点（3P）→相切、相切、半径（T）］：　（单击已绘制直线的左端点）

指定圆的半径或［直径（D）］：4（按＜Enter＞键）

执行结果如图 11-18 所示。

（3）复制圆　单击"修改"工具栏上的【复制】按钮 ✎ ，即执行 COPY 命令，AutoCAD 提示如下：

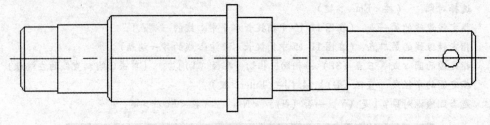

图 11-18　绘制圆

选择对象：（在图 11-18 中选择圆）

选择对象：　（按＜Enter＞键）

指定基点或［位移（D）→模式（O）］＜位移＞：（在绘图屏幕上任意位置拾取一点）

指定第二个点或＜使用第一点作为位移＞：@ －37，0

指定第二个点或＜使用第一点作为位移＞：　（按＜Enter＞键）

执行结果如图 11-19 所示。

（4）绘制直线　在图 11-19 中，分别执行 LINE 命令，绘制与两个圆均相切的两条直线（在【草绘设置】中取消对圆心的捕捉功能，开启切点捕捉功能），结果如图 11-20 所示。

图 11-19　复制圆　　　　　　　　　　图 11-20　绘制直线

（5）修剪　单击"修改"工具栏上的【修剪】按钮，即执行 TRIM 命令，AutoCAD 提示如下：

选择对象或＜全部选择＞：（选择作为剪切边的对象，即选择图 11-20 中在前一绘图步骤中绘制的两条直线）

选择对象：　（按＜Enter＞键）

选择要修剪的对象，或按住＜Shift＞键选择要延伸的对象，或［栏选（F）→窗交（C）→投影（P）→边（E）→删除（R）→放弃（U）］：（参照图 11-5，在两条直线之内拾取对应的圆）

选择要修剪的对象，或按住＜Shift＞键选择要延伸的对象，或［栏选（F）→窗交（C）→投影（P）→边（E）→删除（R）→放弃（U）］：（按＜Enter＞键）

执行结果如图 11-21 所示。

10. 绘制剖面图中的中心线、圆和剖切符号

参照图 11-5，在【中心线】图层绘制十字中心线，并在【粗实线】图层绘制直径为 25 的圆，再绘制剖切符号，如图 11-22 所示。

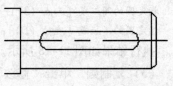

图 11-21　修剪结果

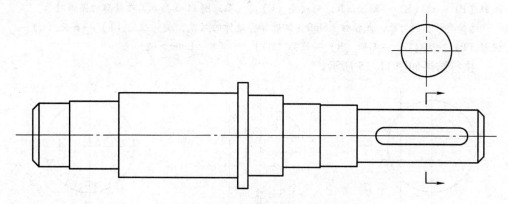

图 11-22　绘制剖面图的中心线和圆

11. 绘制平行线

对表示轴剖面的十字中心线进行平行偏移，以便绘制键槽。单击"修改"工具栏上的【偏移】按钮，即执行 OFFSET 命令，AutoCAD 提示如下：

指定偏移距离或 ［通过 (T) →删除 (E) →图层 (L)］：4（按 < Enter > 键）

选择要偏移的对象，或 ［退出 (E) →放弃 (U)］ < 退出 >：（拾取剖面图中的水平中心线）

指定要偏移的那一侧上的点，或 ［退出 (E) →多个 (M) →放弃 (U)］ < 退出 >：（在所拾取直线的上方任意拾取一点）

选择要偏移的对象，或 ［退出 (E) →放弃 (U)］ < 退出 >：（拾取剖面图中的水平中心线）

指定要偏移的那一侧上的点，或 ［退出 (E) →多个 (M) →放弃 (U)］ < 退出 >：（在所拾取直线的下方任意拾取一点）

选择要偏移的对象，或 ［退出 (E) →放弃 (U)］ < 退出 >：　（按 < Enter > 键）

再执行 OFFSET 命令，AutoCAD 提示如下：

指定偏移距离或 ［通过 (T) →删除 (E) →图层 (L)］：8.5（因为 21 - 12.5 = 8.5）

选择要偏移的对象，或 ［退出 (E) →放弃 (U)］ < 退出 >：（拾取剖面图中的水平中心线）

指定要偏移的那一侧上的点，或 ［退出 (E) →多个 (M) →放弃 (U)］ < 退出 >：（在所拾取直线的右侧任意位置拾取一点）

选择要偏移的对象，或 ［退出 (E) →放弃 (U)］ < 退出 >：　（按 < Enter > 键）

执行结果如图 11-23 所示。

12. 修剪

执行 TRIM 命令，AutoCAD 提示如下：

选择对象或 < 全部选择 >：（选择作为剪切边的对象，即选择图 11-23 中的圆和相关中心线，如图 11-24 中的虚线对象所示）

选择对象：　（按 < Enter > 键）

选择要修剪的对象，或按住 < Shift > 键选择要延伸的对象，或 ［栏选 (F) →窗交 (C) →

投影（P）→边（E）→删除（R）→放弃（U）]:（参照图 11-5 拾取需要修剪的图形对象）

　　选择要修剪的对象，或按住＜Shift＞键选择要延伸的对象，或［栏选（F）→窗交（C）→
投影（P）→边（E）→删除（R）→放弃（U）]:　　　（按＜Enter＞键）

　　执行结果如图 11-25 所示。

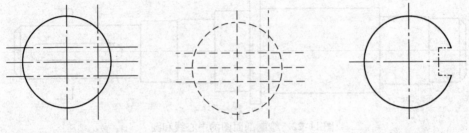

图 11-23　绘制平行线　　　　　图 11-24　选择剪切边　　　　　图 11-25　修剪结果

　　然后，将表示键槽的直线更改到【粗实线】图层。

13. 填充剖面线

　　将【细实线】图层设为当前图层。单击"绘图"工具栏上的【图案填充】 按钮，即执行 BHATCH 命令，打开【图案填充和渐变色】对话框，对该对话框进行相关设置，如图 11-26 所示。

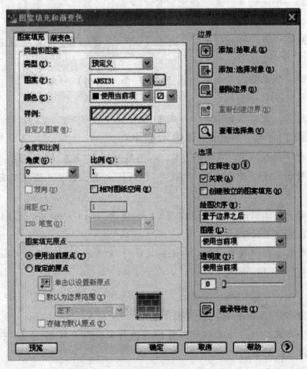

图 11-26　【图案填充】设置

从图 11-26 中可以看出，已将填充图案选择为 ANSI31，填充角度为 0，填充比例为 1，并通过【添加：拾取点】按钮，确定相应的填充边界。

单击对话框中的【确定】按钮，完成图案的填充。结果如图 11-27 所示。至此，图形的绘制已完成。

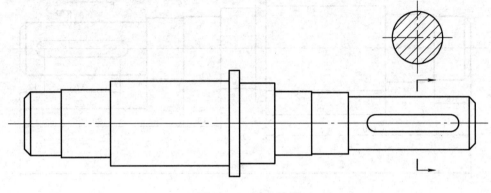

图 11-27 填充结果

11.2.2 标注尺寸

将【细实线】图层设为当前图层（如果没有相应的标注样式，在标注尺寸之前还应定义标注样式）。

（1）标注水平尺寸 现标注最左端长度为 18 的尺寸。单击"标注"工具栏上的【线型】 按钮，即执行 DIMLINEAR 命令，AutoCAD 提示如下：

指定第一条尺寸界线原点或＜选择对象＞：（捕捉图 11-27 中最左下端倒角处的端点）

指定第二条尺寸界线原点或＜选择对象＞：（捕捉左端第一个台阶右下角的端点）

指定尺寸线位置或［多行文字（M）→文字（T）→角度（A）→水平（H）→垂直（V）→旋转（R）］：（向下拖动鼠标，使尺寸线移到合适位置后单击鼠标左键）

用同样的方法，标注其他水平尺寸，结果如图 11-28 所示。

（2）标注垂直尺寸 如果直接按自动测量值标注尺寸，则尺寸值中没有直径符号 φ。因此，标注时需要单独设置尺寸值。现在以标注直径 φ50 为例进行说明。单击"标注"工具栏上的【线性】 按钮，即执行 DIMLINEAR 命令，AutoCAD 提示如下：

指定第一条尺寸界线原点或＜选择对象＞：（捕捉图 11-28 中位于最上方的水平线的左端点）

指定第二条尺寸界线原点或＜选择对象＞：（捕捉图 11-28 中位于最下方的水平线的左端点）

指定尺寸线位置或［多行文字（M）→文字（T）→角度（A）→水平（H）→垂直（V）→旋转（R）］：T　（按＜Enter＞键）

输入标注文字＜50＞:%%c50（按＜Enter＞键）。%%c 为直径符号 φ）

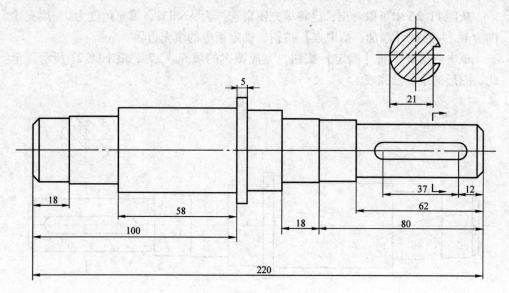

图 11-28　标注水平尺寸

指定尺寸线位置或［多行文字（M）→文字（T）→角度（A）→水平（H）→垂直（V）→旋转（R）］：（向左拖动鼠标，使尺寸线移到合适位置后单击鼠标左键）

执行结果如图 11-29 所示。

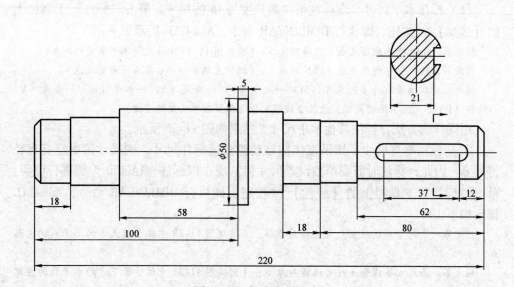

图 11-29　标注直径尺寸

用同样的方法，标注其他垂直尺寸，结果如图 11-30 所示。

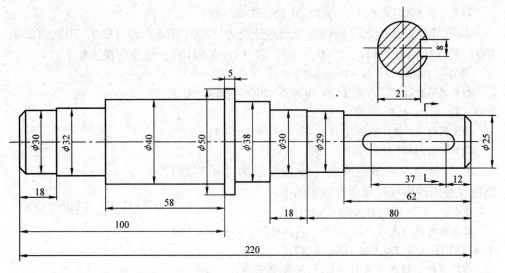

图 11-30　最终图形

　　至此完成图形的绘制。读者可以对此图形进行其他标注操作，如填写标题栏、标注技术要求等。

11.3　盘盖类零件的绘制

　　本节绘制的轴承端盖如图 11-31 所示。

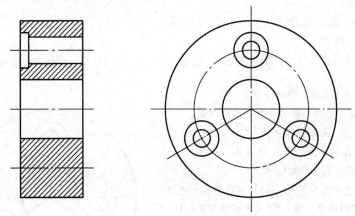

图 11-31　轴承端盖

　　(1) 绘制左视图中心线　设置图层为【点画线】，绘制左视图中心线时命令行提示如下：

　　命令：_ LINE（按 < Enter > 键）
　　指定第一点：165，200（按 < Enter > 键）

指定下一点或［放弃（U）］：70，0（按＜Enter＞键）

以同样的方法绘制三条线段，端点分别为（200，165）和（@0，70）、（200，200）和（@40＜－30）、（200，200）和（@40＜210）。命令行提示如下：

命令：_ CIRCLE（按＜Enter＞键）

指定圆的圆心或［三点（3P）→两点（2P）→切点、切点、半径（T）］：（中心点）

指定圆的半径或［直径（D）］：20（按＜Enter＞键）

结果如图 11-32 所示。

（2）绘制左视图轮廓线　设置图层为【粗实线】，绘制左视图轮廓线时命令行提示如下：

命令：_ CIRCLE（按＜Enter＞键）

图 11-32　左视图中心线

指定圆的圆心或［三点（3P→/两点（2P）→切点、切点、半径（T）］：200，200（按＜Enter＞键）

指定圆的半径或［直径（D）］＜20.0000＞：30（按＜Enter＞键）

以同样的方法绘制半径为 10 的同心圆，命令行提示如下：

命令：_ CIRCLE（按＜Enter＞键）

指定圆的圆心或［三点（3P）→两点（2P）→切点、切点、半径（T）］：200，220（按＜Enter＞键）

指定圆的半径或［直径（D）］＜20.0000＞：3（按＜Enter＞键）

以同样的方法绘制半径为 6 的同心圆，结果如图 11-33 所示。

（3）复制圆　复制圆时的命令行提示如下：

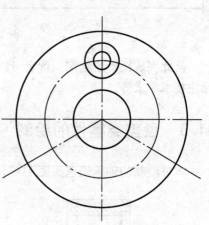

图 11-33　绘制左视图轮廓线

命令：COPY（按＜Enter＞键）

选择对象：（选择半径为 3 和 6 的同心圆）

当前设置：　复制模式＝多个

指定基点或［位移（D）→模式（O）］＜位移＞：200，220（按＜Enter＞键）

指定第二个点或［阵列（A）］＜使用第一个点作为位移＞：（所绘中心线 －30°与中心圆的交点）

指定第二个点或［阵列（A）→退出（E）→放弃（U）］＜退出＞：（所绘中心线 －210°与中心圆的交点）

指定第二个点或［阵列（A）→退出（E）→放弃（U）］＜退出＞：　（按＜Enter＞键）

最终结果如图 11-34 所示。

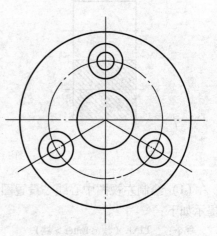

图 11-34　轴承端盖左视图

（4）绘制主视图中心线　设置图层为【点画线】，绘制主视图中心线时命令行提示如下：

命令：_ LINE（按＜Enter＞键）

指定第一点：115, 200（按＜Enter＞键）

指定下一点或［放弃（U）］：@35, 0（按＜Enter＞键）

指定下一点或［放弃（U）］：　（按＜Enter＞键）

命令：COPY（按＜Enter＞键）

选择对象：（上一命令所绘的中心线，按＜Enter＞键）

当前设置：复制模式＝多个

指定基点或［位移（D）→模式（O）］＜位移＞：120, 200（按＜Enter＞键）

指定第二个点或［阵列（A）］＜使用第一个点作为位移＞：@0, 20（按＜Enter＞键）

指定第二个点或［阵列(A)→退出(E)→放弃(U)]＜退出＞：@0, −20（按＜Enter＞键）

指定第二个点或［阵列（A）→退出（E）→放弃（U）］＜退出＞：　（按＜Enter＞键）

结果如图 11-35 所示。

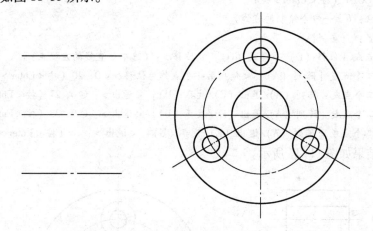

图 11-35　绘制主视图中心线

（5）绘制主视图轮廓线　设置图层为【粗实线】，绘制主视图轮廓线时的命令行提示如下：

命令：_ RECTANG（按＜Enter＞键）

指定第一个角点或［倒角（C）→标高（E）→圆角（F）→厚度（T）→宽度（W）］：120, 170（按＜Enter＞键）

指定另一个角点或［面积（A）→尺寸（D）→旋转（R）］：@22, 60（按＜Enter＞键）

（6）复制直线　首先绘制一条直线，命令行提示如下：

命令：_ LINE（按＜Enter＞键）

指定第一点：120, 190（按＜Enter＞键）

指定下一点或［放弃（U）］：@22, 0（按＜Enter＞键）

绘制结果如图 11-36 所示。开始复制，命令行提示如下：

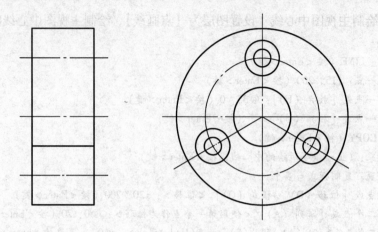

图 11-36　准备复制直线

命令：COPY（按 < Enter > 键）

选择对象：（上一命令绘制的直线）

当前设置：　复制模式 = 多个

指定基点或 [位移（D）→模式（O）] < 位移 >：（选中该直线的左端点）

指定第二个点或 [阵列（A）] < 使用第一个点作为位移 >：0，20（按 < Enter > 键）

指定第二个点或 [阵列（A）/退出（E）/放弃（U）] < 退出 >：@0，27（按 < Enter > 键）

指定第二个点或 [阵列（A）/退出（E）/放弃（U）] < 退出 >：@0，33（按 < Enter > 键）

指定第二个点或 [阵列（A）/退出（E）/放弃（U）] < 退出 >：　　（按 < Enter > 键）

执行结果如图 11-37 所示。

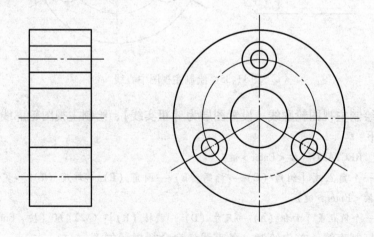

图 11-37　复制直线后图形

（7）绘制矩形　绘制矩形时的命令行提示如下：

命令：_ RECTANG（按 < Enter > 键）

指定第一个角点或 [倒角（C）→标高（E）/圆角（F）/厚度（T）/宽度（W）]：120，214

（按＜Enter＞键）

指定另一个角点或［面积（A）/尺寸（D）/旋转（R）］：@3，12（按＜Enter＞键）

利用修剪命令 TRIM 对复制后的两条直线进行剪切，修剪结果如图 11-38 所示。

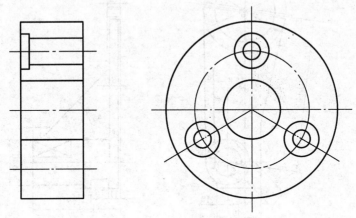

图 11-38　修剪图

（8）填充剖面　单击【图案填充和渐变色】按钮，最终图形如图 11-31 所示。

11.4　叉架类零件的绘制

叉架是绘图中常见的一类零件，本例绘制一个如图 11-39 所示的拔叉支架。绘制步骤如下：

（1）创建新文件　打开 AutoCAD 2012，画出 A3 大小的外框线，以及标题栏，并设置好图层、文字样式、标注样式，制成一个样板图。

选择【菜单编辑器】→【文件】→【另存为】命令，将样板图另存为"拔叉支架. dwg"的文件。

（2）绘制主视图

1）将【点画线】层设置为当前图层，单击功能区【直线】按钮，绘制主视图与左视图的中心线，其中主视图中左下方的斜线，是单击功能区【直线】按钮，利用对象捕捉功能捕捉两中心线交点，并输入" ＜ － 172"（即与水平向左成 8°的夹角），并单击【偏移】按钮，向上偏移 134.4mm，如图 11-40 所示。

2）将【粗实线】层设置为当前图层，单击功能区【圆】按钮，利用对象捕捉功能捕捉两中心线交点，分别画出上、下两组同心圆，半径分别是 12.5mm、20mm、27.5mm、37.5mm。单击【偏移】按钮，把主视图上部分的一个斜中心线上、下偏移 2mm，如图 11-41 所示。

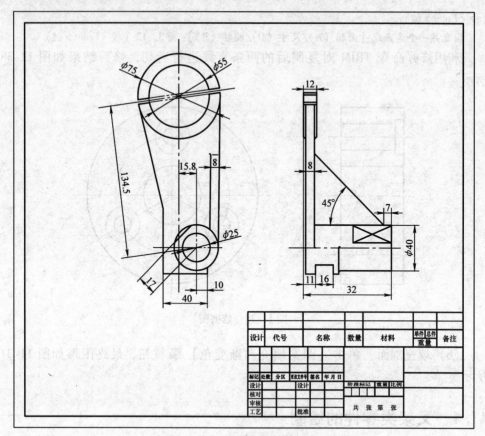

图 11-39　拔叉支架的零件图

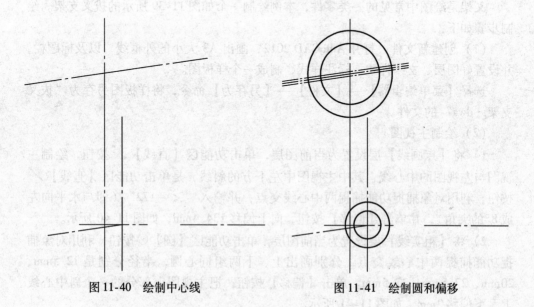

图 11-40　绘制中心线　　　　　图 11-41　绘制圆和偏移

3）单击功能区【直线】 ✐ 按钮，绘制主视图的外轮廓线。其中通过【偏移】按钮，水平中心线 1 向上偏移 3.5mm，向下偏移 23mm，竖直中心线 2 向左偏移 30mm，向右偏移 10mm，作上下圆外公切线 3，利用【修剪】命令对其进行修剪，并将相应的线条转换为【粗实线】图层，如图 11-42 所示。

4）单击功能区【直线】 ✐ 按钮，利用对象捕捉功能捕捉两中心线交点，输入" < –135"（即与竖直中心线成 45°角），并单击【偏移】按钮，向上偏移 17mm，利用【修剪】和【延伸】命令对其进行修剪和延伸，如图 11-43 所示。

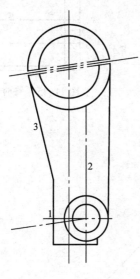　　　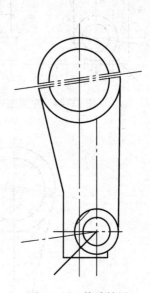

图 11-42　外轮廓　　　　　　　　　　图 11-43　偏移结果

（3）绘制左视图

1）单击功能区【直线】 ✐ 按钮，在左视图上画一条交于中心线的竖直线 4，通过【偏移】按钮，向右偏移 12mm、80mm，水平中心线 5 向上、向下分别偏移 20mm。从主视图的最低点引一条线交于左视图上的 3 条线，上面圆的最右边上一点也引出一条线交于左视图，如图 11-44 所示。

2）利用【修剪】命令去除多余线，结果如图 11-45 所示。

3）通过【偏移】按钮，使左视图中最右边的线，向左偏移 7mm；使左视图上部的左右两边各向内部偏移 2mm。单击功能区【直线】 ✐ 按钮，利用对象捕捉功能捕捉交点，画一条与水平向右成 135°的线（单击一点后，输入" <135"），交于从左向右数第三条线。利用【偏移】按钮，使主视图右边轮廓线向左偏移 8mm，从左视图上的斜线的上交点引出线，画出主视图上面多的那一小横线，如图 11-46 所示。

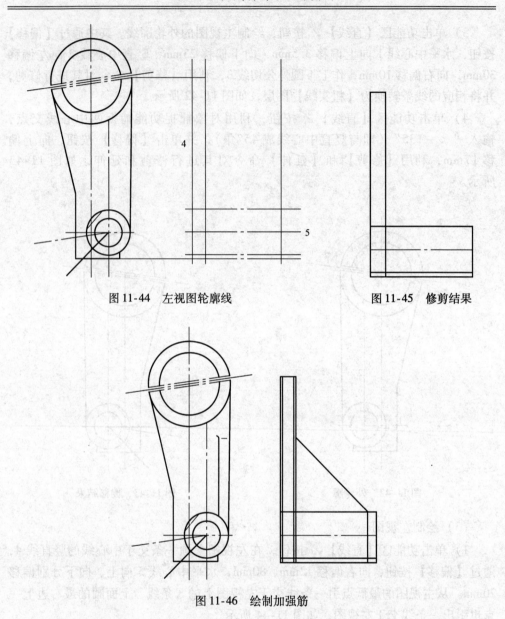

图 11-44　左视图轮廓线　　　　　　　图 11-45　修剪结果

图 11-46　绘制加强筋

4）单击功能区【直线】✎ 按钮，从主视图中引出一条线交于左视图，通过【倒角】◻ 按钮，做两个长度为 2mm 的倒角，并用【修剪】按钮去除多余线，如图 11-47a 所示。单击功能区【直线】✎ 按钮，从主视图中引出四条线交于左视图，如图 11-47b 所示。通过【修剪】命令，去除多余线，并用【倒圆角】◻ 按钮，做两个半径为 2mm 的倒角，图 11-47c 所示。

5）通过【偏移】命令，将左视图中最左边的一条线向右分别偏移 11mm、27mm、32mm，将左视图最下面一条线，向上偏移 8mm。通过【修剪】命令，对

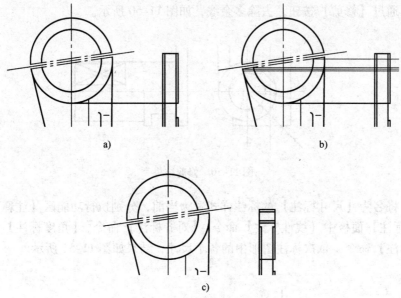

a)　　　　　　　　　b)

c)

图 11-47　绘制左视图细节

多余线进行修剪，并单击功能区【直线】 按钮，利用对象捕捉功能，画出水平中心线上缺少的线。通过【圆倒角】 按钮，画出 4 个半径为 2mm 的圆倒角。如图 11-48 所示。

　　6）通过【偏移】命令，将左视图最右边一条线向左偏移 35mm，从主视图引两条线交于左视图，并单击功能区【直线】 按钮，画两条交叉线。如图 11-49 所示。

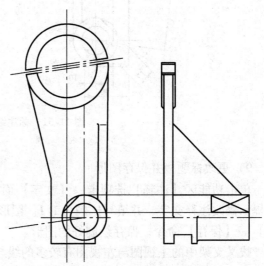

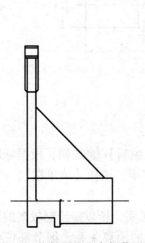

图 11-48　左视图左下方细节画法　　　　　图 11-49　偏移和引线的画法

7）通过【修剪】按钮，去除多余线，如图 11-50 所示。

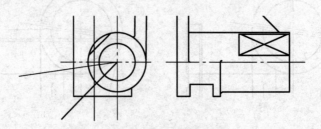

图 11-50　修剪结果

8）将名为【尺寸标注】的标注样式置为当前，分别执行功能区【注释】选项卡→【标注】面板中【线性标注】命令、【对齐标注】命令、【角度标注】命令和【直径标注】命令，依次标注图形中的各个尺寸，结果如图 11-51 所示。

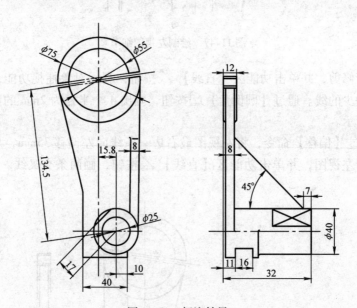

图 11-51　标注结果

9）更改标题栏并保存图形

单击功能区【注释】选项卡→【文字】面板→【编辑】按钮，根据标题栏的提示修改注释文字，并填写比例为 1:1。图形绘制完毕，选择【菜单栏】→【文件】→【保存】命令，保存绘制好的图形。

拔叉支架中的主视图与左视图有较多的线与线的关系，所以需绘制较多的引线辅助线。其中，通过【偏移】按钮来保证各个线之间的距离关系，细节部位如倒角也不能遗漏。【修剪】和【延伸】按钮用得较多，一定要熟练掌握。

11.5　箱体类零件的绘制

减速器箱体的绘制是二维图形中比较典型的实例。下面以一级减速器的上箱体为例，介绍箱体类零件绘制的具体方法。减速器上箱体如图 11-52 所示。

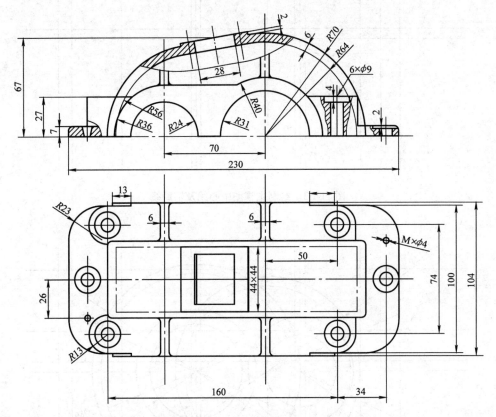

图 11-52　一级减速器的上箱体

具体步骤如下：

1）根据 4.1 节所述创建图层。

2）将当前图层设置为【中心线】层，绘制直线 $L1$、$L2$、$L3$（$L1$ 和 $L2$ 间距 70mm）。然后选择【偏移】命令，将 $L1$ 向右偏移 33mm 和 22mm，向左偏移 3mm、40mm、54mm 和 67mm；$L2$ 向右偏移 3mm、50mm、84mm 和 93mm，向左偏移 3mm；$L3$ 向上偏移 7mm、27mm 和 67mm，如图 11-53 所示。

3）切换至【粗实线】层，绘制如图 11-54 所示圆。其中直径 128mm 和 112mm 的圆属于中心线层。

4）绘制如图 11-55 所示的轮廓线。

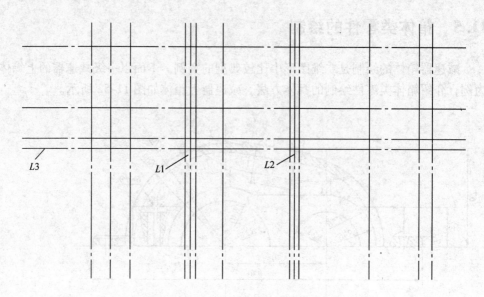

图 11-53　绘制主视图中心线及辅助线

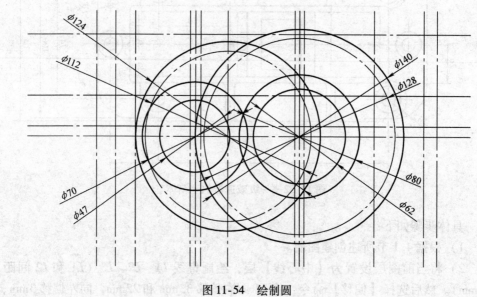

图 11-54　绘制圆

　　5）利用【修剪】、【拉伸】、【删除】命令修改并删除多余线段和圆弧，如图 11-56 所示。

　　6）绘制最大圆相切线并偏移、修剪，画出中心线，如图 11-57 所示。

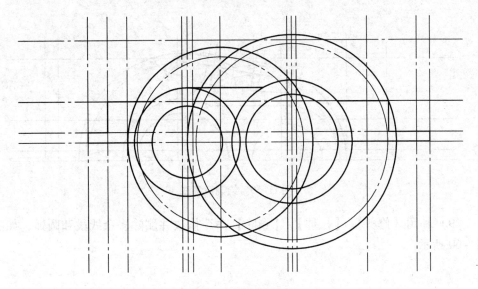

图 11-55　绘制轮廓线

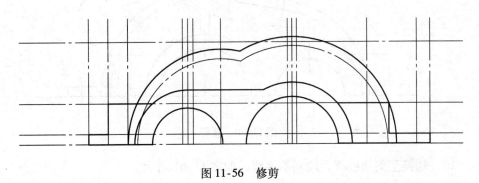

图 11-56　修剪

7）将 6）中的中心线向左偏移 14mm 和 18mm，同时向右也偏移 14mm 和 18mm，如图 11-58 所示。

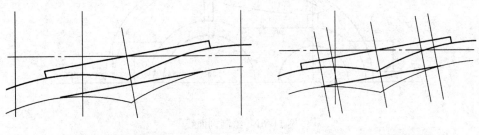

图 11-57　绘制气孔　　　　　　　　　　图 11-58　绘制辅助线

8）切换至【细实线】层，绘制波浪线，如图 11-59 所示。

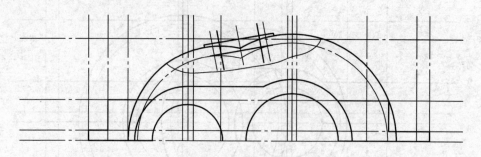

图 11-59　绘制波浪线

9）利用【修剪】、【拉伸】、【删除】命令修改并删除多余线段和圆弧，如图 11-60 所示。

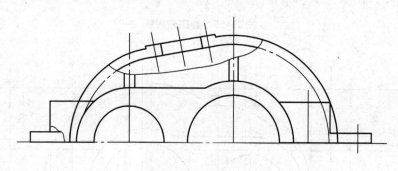

图 11-60　修剪

10）切换至剖面线层，绘制剖面线，如图 11-61 所示。

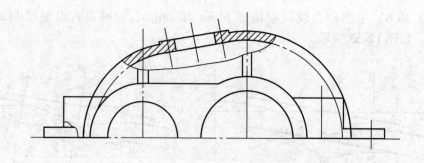

图 11-61　绘制剖面线

11）绘制螺栓孔、销孔，并绘制半径为 3mm 的圆角，如图 11-62 所示。

12）切换至剖面线层，绘制剖面线，如图 11-63 所示。

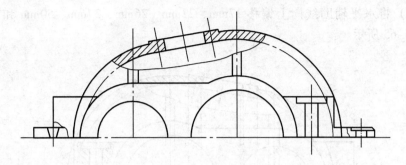

图 11-62　绘制孔洞

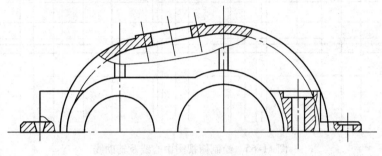

图 11-63　绘制剖面线

13）切换至中心线层，绘制定位辅助线，如图 11-64 所示。

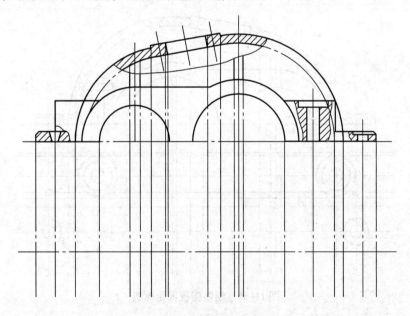

图 11-64　绘制俯视图中心线及辅助线

14）将水平辅助线向上偏移 17mm、22mm、26mm、37mm、50mm 和 52mm，如图 11-65 所示。

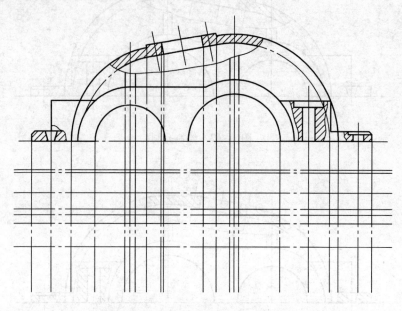

图 11-65　绘制俯视图中心线及辅助线

15）切换至粗实线层，按尺寸绘制图形，如图 11-66 所示。

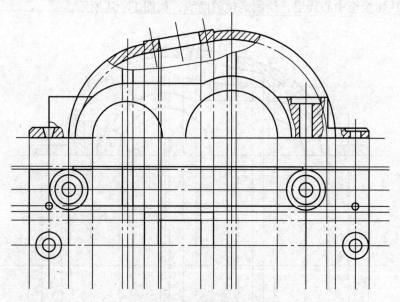

图 11-66　绘制俯视图轮廓线

16）利用【修剪】、【拉伸】、【删除】命令修改并删除多余线段和圆弧，如图

11-67 所示。

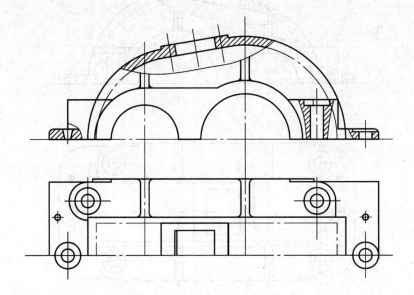

图 11-67　修剪

17）绘制半径为 23mm 和 3mm 的圆角，如图 11-68 所示。

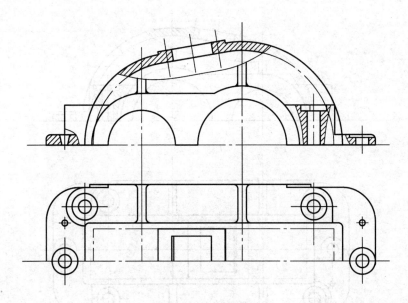

图 11-68　绘制圆角

18）镜像绘制俯视图另一半，如图 11-69 所示。

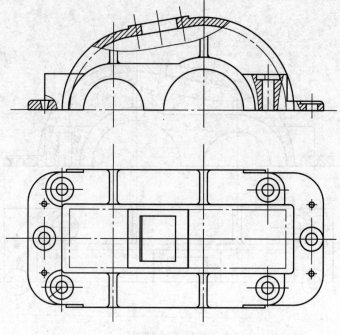

图 11-69　镜像

19）删除多余的圆，如图 11-70 所示。

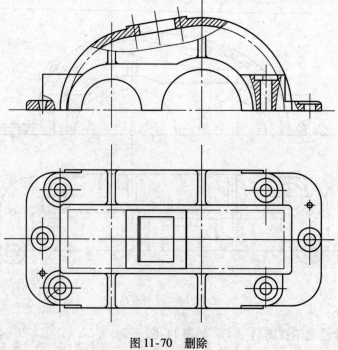

图 11-70　删除

习　　题

1. 绘制如图 11-71 所示的螺旋杆，注意其中移出断面和局部剖视图的画法，表面粗糙度和倒角等尺寸的标注，并按国家标准中的相关要求绘制相应的标题栏。

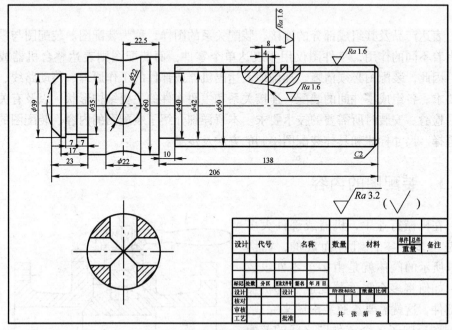

图 11-71　螺旋杆

2. 绘制如图 11-72 所示的蜗轮。注意打剖面线的区域，标注相应的技术要求。

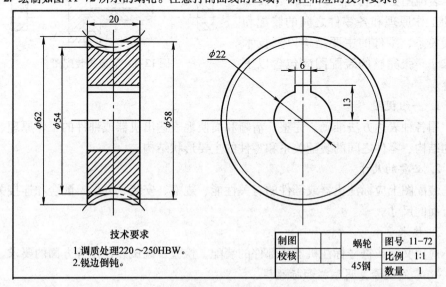

技术要求
1.调质处理220～250HBW。
2.锐边倒钝。

图 11-72　蜗轮

第 12 章　机械装配图绘制综合实例

表达产品及其组成部分的连接、装配关系的图样，称为装配图。装配图与零件图有着不同的作用，零件图仅用于表达单个零件，而装配图则表达整台机器或部件。因此，装配图必须清晰、准确地表达出机器或部件的工作原理、传动路线、性能要求、各组成零件间的装配、连接关系和主要零件的主要结构形状，以及有关装配、检验、安装时所需要的技术要求。本章详细介绍了装配图的内容、装配图的视图选择、尺寸标注和具体装配图绘制的方法及步骤。

12.1　装配图的内容

在机械行业中，机器或部件大多数是由多个零件组合而成的，如图12-1所示的阀体就是由多个零件组成的。如何将多个零件装配成一部机器或部件，这就需要参照装配图来完成，装配图反映了各个零件图之间的装配和安装关系。

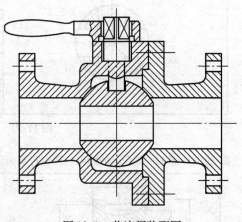

图 12-1　节流阀装配图

装配图必须表达出一台机器或部件的工作原理和各零件之间的装配和连接关系、零件的主要结构以及技术要求。一张完整的装配图应包含以下内容。

1. 一组视图

用各种表达方法准确、完整、清晰和简便地表达出机器或部件的工作原理、部件的结构、零件之间的装配关系和零件的主要形状结构。

2. 必要的尺寸

装配图上应标注机器或部件的有关性能、规格、安装、外形、配合和连接关系等方面的尺寸。

3. 技术要求

应用文字或符号标注机器或部件的装配、检验、调试和使用等方面的要求。

4. 零件编号、明细栏和标题栏

说明零件名称、数量、材料、标准规格、标准代号，以及部件名称、主要负责人名单等，供组织管理生产、备料、存档查阅时使用。

12.2　装配图的视图表达方法

由于机器或部件一般由多个零件构成，因此装配图与零件图具有诸多相同之处，所以绘制零件图的各种方法同样适用于绘制装配图。但由于装配图的表达对象和作用和零件图不同，因此它们也具有许多不同之处，绘制装配图有一些规定的特殊画法。

1. 装配图的一般表达方法

为了使加工人员在装配时能够迅速区分不同的零件，并正确理解各零件之间的装配关系，在绘制装配图时应遵守以下规定。

➤ 相邻两个零件的接触面或配合面，规定只画一条直线。相邻两个零件表面不接触时，无论间隙大小，都必须绘成两条线。

➤ 同一零件的剖面线在各个剖视图中应保持方向相同、间隔一致。相邻两个零件的剖面线方向必须相反，或采用间隔距离不相等的剖面线加以区别。

➤ 如果剖视图的剖切平面通过实心件（如轴、销等）、紧固件（如螺栓、螺母、垫圈等）的轴线时，则这些零件按不剖绘制，仍画外形。必要时，可以采用局部剖视图。

2. 装配图的特殊画法与简化画法

在绘制机械装配图时，根据情况的不同有不同的特定表达方法，主要有如下几种。

➤ 拆卸画法：在装配图中，当某些零件遮住了需要表达的其他结构和装配关系，而这些零件在其他视图上又已表达清楚时，可以假想将这些零件拆去或沿结合面剖切后绘制，但应在视图上方标注"拆去××"。

➤ 以拆卸代替剖切：当剖切平面沿着两个相邻零件的结合面剖切时，结合面上不必画出剖面线，但剖切平面经过的轴、螺栓等均被切断时其应绘制剖面符号。

➤ 假象画法：在装配图中，当需要表达某些零件的运动范围或极限位置时，可以把该运动零件的极限位置绘制在图中，而另一极限位置用双点画线绘制；当需要表示本部件与相邻零（部）件间的装配关系时，也可用双点画线绘制相邻部分的轮廓线。

➤ 夸大画法：在装配图中，对于较小的零件或结构，如厚度小于 2mm 的薄垫片、小间隙、直径小于 2mm 的孔、细弹簧，以及较小的锥度、斜度等，允许不按比例而夸大绘制。

➤ 展开画法：为了表达传动机构的传动顺序和装配关系，可假想按顺序沿轴线剖切，然后依次展开在一个平面上，绘制它的剖切图。

➢ 单独表示某一个零件：在装配图上，为了表达某一零件时，可以单独绘制该零件的某个视图。

➢ 简化画法：装配图中有若干个零件组（如螺栓、螺钉、垫圈等）时，可以只详细绘制 1～2 组，其余的用点画线表示这些零件组的中心位置；装配图上的工艺结构（圆角、倒角、退刀槽等）不需要绘制，当剖切平面通过某些标准组合件时（如油杯、油标等）可以不绘制这些标准组合件。

12.3　装配图的标注

装配图不是制造零件的直接依据，因此装配图中不需要标注全部尺寸，只需标注一些装配所需的尺寸与装配的技术要求。

1. 尺寸标注

装配图中的尺寸标注按其作用不同大致可分为以下五类。

➢ 特征尺寸（规格尺寸）：用于表示机器或部件的性能和规格的尺寸，它是设计、了解和选用机器或部件的依据。

➢ 装配尺寸：用于表示机器或部件工作精度或性能要求的尺寸，包括配合尺寸和相对位置尺寸，如 $\frac{H7}{h6}$ 这类标注可以采用【文字格式】工具栏中的堆叠功能来实现。

➢ 外形尺寸：表示机器或部件的总体长、宽、高等尺寸，它是包装、运输、安装和厂房设计的依据。

➢ 安装尺寸：将机器或部件安装在地基或其他部件上时所需的尺寸。

➢ 其他重要尺寸：在机器或部件设计中，经计算或选定，但又未包括在上述几类尺寸中的尺寸。这类尺寸在拆画零件图时不能改变。

以上五类尺寸之间并不是孤立无关的，实际上有的尺寸往往具有多种作用，如既是外形尺寸又是安装尺寸。当然，一张装配图中有时并不完全具备上述五类尺寸。因此，对装配图中的尺寸需要具体分析，然后进行标注。

2. 技术要求

装配图的技术要求是指机器或部件在装配、安装及调试过程中的相关数据和性能指标，以及在使用、维护和保养等方面的要求，主要包括装配、检验、实验的条件和要求及其他要求，随部件的需要而定，必要时可参考类似产品决定。在装配图中，技术要求一般用文字标注在明细栏上方或基本装配视图的下方。

12.4　装配图的绘制方法及步骤

利用 AutoCAD 绘制装配图主要有 2 种方法，一种是直接绘制装配图，另一种是零件图块插入法拼画装配图。

1. 直接绘制装配图

在设计新产品时，一般先设计出装配图，再根据装配图设计各零件工作图。采用这种方法绘制装配图，可直接利用 AutoCAD 的二维绘图及编辑命令，按照手工绘制装配图的画法步骤直接绘制装配图，具体绘图及编辑命令的使用技巧与绘制零件图相同。由于装配图由多个零件组成，绘图时应先画出基础零件的主要轮廓线，再根据各零件的装配顺序和连接关系，依次画出主要零件，最后画出次要零件。对于一些常用标准零件如螺纹联接件、轴承等，可以利用现有图库采用零件图块插入法绘制，以提高作图效率。

2. 零件图块插入法绘制装配图

在进行机器部件测绘时，可以先画出各零件图，再利用零件图块插入法绘制装配图。采用零件图块插入法绘图，应先将组成部件的各个零件图形创建成图块，然后按零件的相对位置关系，将零件图块逐个插入到装配图中，再根据装配图的表达要求进行修整，拼画成装配图。装配图的一般作图步骤如下。

1）选择装配图样板。根据部件大小及比例选择合适的图形样板，并根据国家标准要求对绘图环境进行设置。

2）用直接法或零件图块插入法绘制装配图。

3）标注尺寸及技术要求、文字等。

4）编写序号，填写标题栏及明细栏。

5）保存图形文件。

12.5 典型实例

齿轮油泵的装配图较为复杂，因此将分为绘制装配图主视图、绘制装配图左视图和完善装配图三个步骤。在绘制装配图之前先绘制油泵装配所需所有零件，并创建块，以零件名拼音首字母命名（如：泵体——bt）。具体步骤如下：

1. 设置图层，绘制图样。绘制主视图

1）创建块"bt"（泵体），并插入。

2）创建块"cl"（齿轮），以左端面中点为基点，如图 12-2 所示。插入块"cl"至泵体主视图中，插入点为 A、B 两点，如图 12-3 所示。

3）创建块"zdz"（主动轴），以局部剖处水平与垂直轴线交点为基点，如图 12-4 所示；插入块"zdz"至泵体主视图中，插入点为 C 点，如图 12-5 所示。

4）分解图块，修改主视图，将插入零件后被遮住的部分修剪掉，并删除多余的线条，如图 12-6 所示。

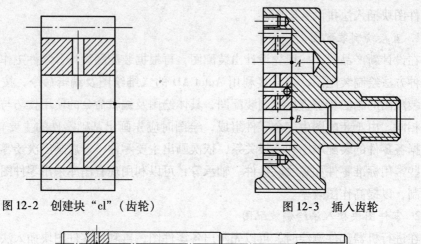

图 12-2　创建块 "cl"（齿轮）　　　　　图 12-3　插入齿轮

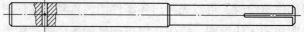

图 12-4　创建块 "zdz"（主动轴）

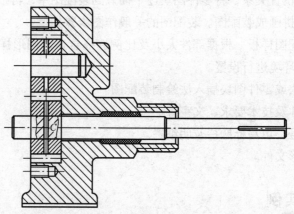

图 12-5　插入主动轴

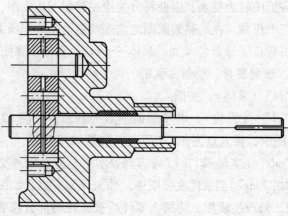

图 12-6　修剪

5）创建块 "cdz"（从动轴），以水平与垂直轴线交点为基点，如图 12-7 所示。插入块 "cdz" 至主视图中，分解图块并修改主视图，如图 12-8 所示。

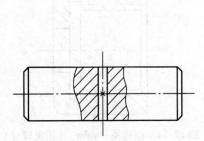

图 12-7　创建块 "cdz"（从动轴）

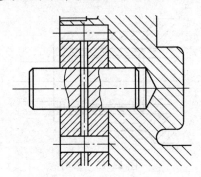

图 12-8　插入从动轴

6）创建块 "x"（销），以水平与垂直轴线交点为基点，如图 12-9 所示。插入块 "x" 至泵体主视图中，插入点与从动轴插入点相同，分解图块并修改主视图，如图 12-10 所示。

图 12-9　创建块 "x"（销）

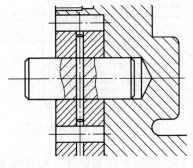

图 12-10　插入销

7）插入块 "x" 至主动轴与齿轮相应位置，并修改主视图。

8）创建块 "tlyg"（填料压盖），以 A 点为基点，如图 12-11 所示，插入块 "tlyg" 至泵体主视图中，插入点为 B 点，如图 12-12 示。

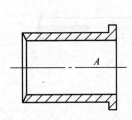

图 12-11　创建块 "tlyg"（填料压盖）

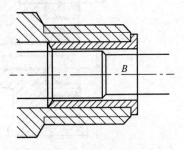

图 12-12　插入填料压盖

9）分解图块并修改主视图，如图 12-13 所示。

10）创建块"yglm"（压盖螺母），以 A 点为基点，如图 12-14 所示。

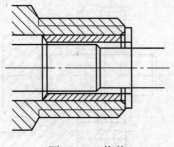

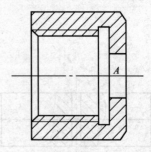

图 12-13　修剪　　　　　　　　　　图 12-14　创建块"yglm"（压盖螺母）

11）插入块"yglm"至泵体主视图中，插入点为 B 点，如图 12-15 所示。

12）分解图块并修改主视图，如图 12-16 所示。

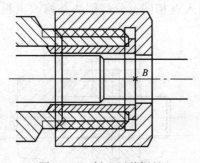

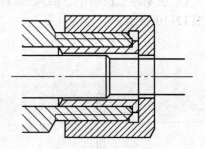

图 12-15　插入压盖螺母　　　　　　　　　图 12-16　修剪

13）绘制并修剪垫片，垫片厚 1mm，直径 100mm，如图 12-17 所示。

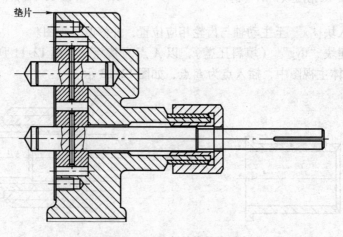

图 12-17　绘制并修剪垫片

14）创建块"bg"（泵盖），以 A 点为基点，如图 12-18 所示。

15）插入块"bg"至泵体主视图中，插入点为 A 点。如图 12-19 所示。

16）分解图块并修改主视图，如图 12-20 所示。

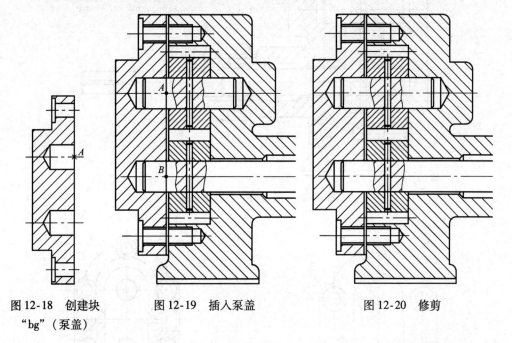

图 12-18　创建块　　　　图 12-19　插入泵盖　　　　图 12-20　修剪
"bg"（泵盖）

17）按图 12-21 所示绘制六角头螺栓，并创建块"ljtls"，以 A 点为基点。

18）插入块"ljtls"至泵图零件图的主视图中，插入点为 B 点，如图 12-22 所示。

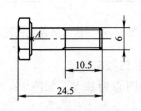

图 12-21　绘制六角头螺栓

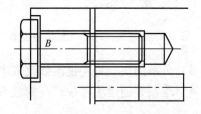

图 12-22　插入六角头螺栓

19）同 18）插入另一个六角头螺栓。分解两个六角头螺栓并修改主视图，如图 12-23 所示，完成主视图。

2. 绘制左视图

1）创建块"bgz"（泵盖左视图），以最上方螺孔的圆心为基点，如图 12-24 所示。

2）插入块"bgz"至泵体左视图中，插入点为相应螺孔的圆心，如图 12-25 所示。

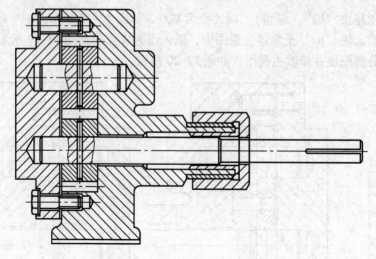

图 12-23　插入另一个六角头螺栓

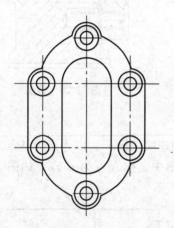

图 12-24　创建块 "bgz"（泵盖左视图）

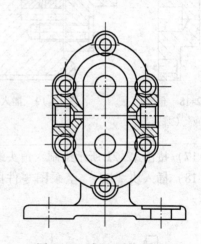

图 12-25　插入泵盖左视图

3）分解图块，将左视图修改成半剖视图，如图 12-26 所示。

4）绘制并创建块 "lstz"（螺栓头左视图），以圆心为基点，如图 12-27 所示。

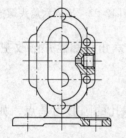

图 12-26　修剪成半剖视图

图 12-27　绘制螺栓头左视图

5）插入块"lstz"至泵体零件图的左视图中，插入点为最上方螺孔的圆心，如图 12-28 所示。

6）同上一步骤插入螺栓头左视图至其他螺孔位置处，如图 12-29 所示。

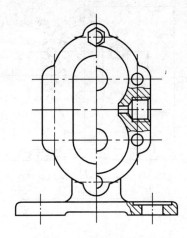

图 12-28　插入螺栓头左视图

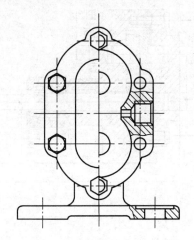

图 12-29　插入余下螺栓头左视图

7）分解图块并修改左视图，如图 12-30 所示。

8）填充剖面，完成左视图的绘制，如图 12-31 所示。

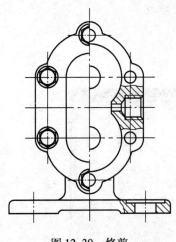

图 12-30　修剪

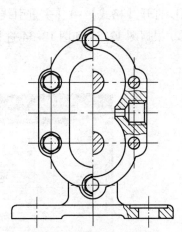

图 12-31　绘制剖面线

3. 完善装配图

完成装配图的绘制后，还需要对装配图进行尺寸标注、零件编号、填写明细栏和标题栏等后续工作。

1）标注外形尺寸、配合尺寸，并画出局部剖视图。对装配图的外形尺寸进行标注。对主动轴、从动轴及左视图中的齿轮孔进行配合尺寸的标注，注意文字的标注，如图 12-32 所示。

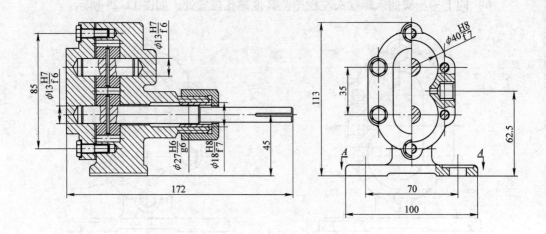

图 12-32　标注

2）对装配图的零件进行编号。

① 打开【格式】→【多重引线样式】，单击修改。

② 根据图 12-33 和图 12-34 进行编辑。

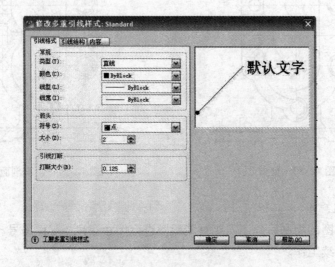

图 12-33　编辑引线格式

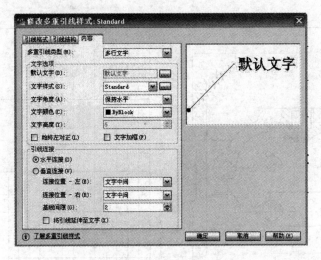

图 12-34　编辑引线内容

③ 编辑后确定关闭。并按顺序标注多重引线。如图 12-35 所示。

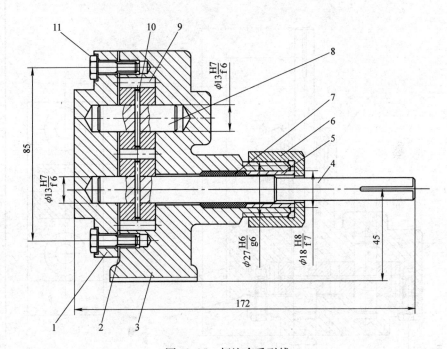

图 12-35　标注多重引线

3）绘制并填写标题栏、明细表，创建技术要求，完成最终装配图，如图 12-36 所示。

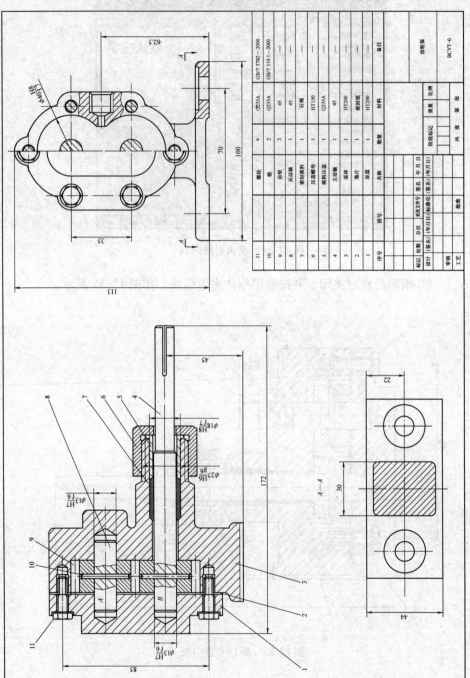

图 12-36 齿轮泵装配图

序号	名称	数量	材料	备注
11	螺栓	6	Q235A	GB/T 5782—2000
10	销	2	Q235A	GB/T 119.1—2000
9	从动轴	2	45	
8	密封填料	1	石棉	
7	压盖螺母	1	HT150	
6	填料压盖	1	Q235A	
5	主动轴	1	45	
4	泵体	1	HT200	
3	垫片	1	密封纸	
2	泵盖	1	HT200	
1				

习 题

1. 画出如图 12-37 所示千斤顶的装配图。

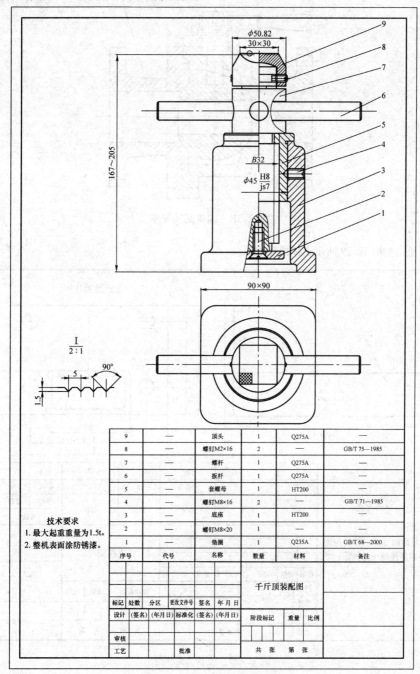

9	—	顶头	1	Q275A	—
8	—	螺钉M2×16	2	—	GB/T 75—1985
7	—	螺杆	1	Q275A	—
6	—	扳杆	1	Q275A	—
5	—	套螺母	1	HT200	—
4	—	螺钉M8×16	2	—	GB/T 71—1985
3	—	底座	1	HT200	—
2	—	螺钉M8×20	1	—	—
1	—	垫圈	1	Q235A	GB/T 68—2000
序号	代号	名称	数量	材料	备注

技术要求
1. 最大起重重量为1.5t。
2. 整机表面涂防锈漆。

千斤顶装配图

标记	处数	分区	更改文件号	签名	年 月 日			
设计	(签名)	(年月日)	标准化	(签名)	(年月日)	阶段标记	重量	比例
审核								
工艺			批准			共 张 第 张		

图 12-37 千斤顶装配图

2. 绘制如图 12-38 所示装配图，先画出单个零件 1、2、3、4、5、6，然后用块插入的方法完成装配图。

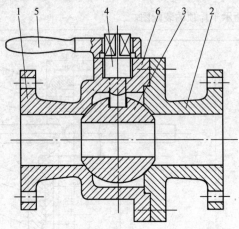

图 12-38　截流阀装配图

3. 绘制如图 12-39 所示支撑梁装配图。

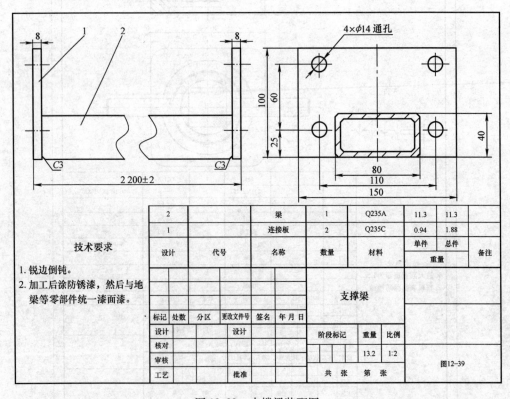

4×φ14 通孔

技术要求

1. 锐边倒钝。
2. 加工后涂防锈漆，然后与地梁等零部件统一漆面漆。

2		梁	1	Q235A	11.3	11.3	
1		连接板	2	Q235C	0.94	1.88	
					单件	总件	
设计	代号	名称	数量	材料	重量		备注

标记	处数	分区	更改文件号	签名	年月日				
设计			设计						
核对						阶段标记	重量	比例	
审核							13.2	1:2	
工艺			批准			共　张　第　张			图12-39

支撑梁

图 12-39　支撑梁装配图

第13章 三维绘图

三维机械模型可以直观地表现零件的实际形状，在 AutoCAD 中，三维模型有线框模型、表面模型和实体模型之分，而在机械建模中通常使用实体模型，因此本章在介绍了三维绘图基础知识的基础上介绍了典型三维模型的绘制过程。

13.1 基础知识

为了表达机件的实际形状，工程制图中常用正等轴测图的画法来表示三维模型，但它实际上仍是二维图形。在 AutoCAD 2012 中可方便地绘制模型的实际体型，但要熟练掌握三维绘图的方法，首先必须懂得如何熟练使用三维建模空间，熟悉三维模型的视觉样式控制。

13.1.1 三维建模工作空间

如图 13-1 所示为 AutoCAD 2012 的三维建模工作界面，即三维建模工作空间。当以文件"ACADISO3D. DWT"为样板建立新图形时，可以得到如图 13-1 所示的工作界面。

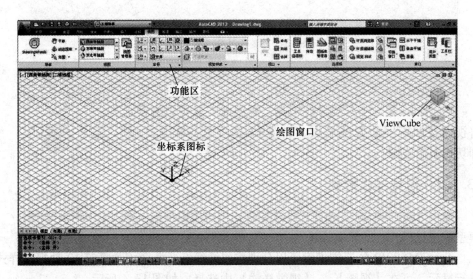

图 13-1 三维建模工作空间

从图 13-1 中可以看出，AutoCAD 2012 的三维建模工作空间除了包含菜单栏、快速访问工具栏等外，还有功能区、ViewCube 等，下面主要介绍与经典工作界面的不同之处。

1. 坐标系图标

坐标系图标显示成了三维图标，而且默认显示在当前坐标系的坐标原点的位置，而不是显示在绘图窗口的左下角位置。

2. 光标

光标显示出 Z 轴。用户可以控制是否在十字光标中显示 Z 轴以及坐标轴标签。

3. 栅格

用栅格线代替了栅格点，并且在主栅格线之间又细分了栅格。

4. 功能区

功能区中有【常用】、【实体】、【曲面】、【网格】、【渲染】、【参数化】、【插入】、【注释】、【视图】、【管理】、【输出】、【插件】、【联机】13 个选项卡，每一个选项卡中又有一些面板，每一个面板上有一些对应的命令按钮。单击选项卡标签，可显示对应的面板，如图 13-2 所示。

图 13-2　展开【修改】面板

5. ViewCube

ViewCube 是一个三维导航工具，利用此工具可以方便地将视图按照不同的方位显示。如图 13-3 所示。单击"上"即切换至俯视图。

图 13-3　单击"上"切换至俯视图

13.1.2　视觉样式控制

使用 AutoCAD 2012 进行三维造型时，用户可以控制三维模型的视觉样式，即显示效果。

AutoCAD 2012 的三维模型可以分别按二维线框、概念、隐藏等 10 种视觉样式进行显示，可在【视图】→【视觉样式】中选择，如图 13-4 所示。

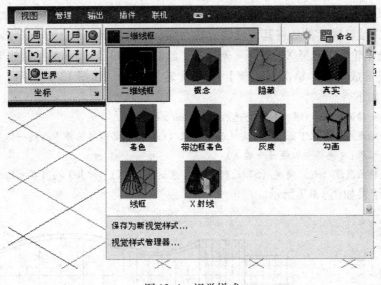

图 13-4　视觉样式

13.2　创建三维实体

由于机械建模中通常使用的是三维实体模型，因此本书只讲解三维实体模型的创建方法。在 AutoCAD 中提供了一系列简单的三维实体的绘制命令，包括多段体、长方体、楔体、圆锥体、圆环体、棱锥体和螺旋体，这些基本实体的绘制方法比较简单，执行相应命令后，按提示指定放置位置和实体尺寸即可，下面将以实例介绍如何使用各种基本命令绘制简单和复杂的三维实体。

13.2.1　创建简单三维实体

本小节将创建如图 13-5a 所示的手柄的三维实体，结果如图 13-5b 所示。

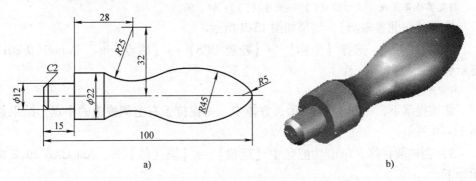

a)　　　　　　　　　　　　　　　　　　　　　b)

图 13-5　手柄

a) 零件图　b) 实体

手柄是回转体零件，基于这一特点，当创建手柄的三维图形时，通常先绘制出它的一半二维轮廓，然后将其绕轴线旋转而成。具体步骤如下：

1）绘制轮廓。选择 XY 平面（俯视图）绘制如图 13-5a 所示的手柄的半轮廓图。

2）旋转成实体。单击【建模】→【旋转】按钮，如图 13-6 所示，AutoCAD 2012 提示如下：

选择要旋转的对象：（将半轮廓全选后按＜Enter＞键）

指定轴起点或根据以下选项之一定义轴 ［对象（O）X/Y/Z］：（选择中心线一端点）

指定轴端点：（选择中心线另一端点）

指定旋转角度或 ［起点角度（ST/反转（R）/表达式（EX）］＜360＞：（按＜Enter＞键）

执行结果如图 13-7 所示。

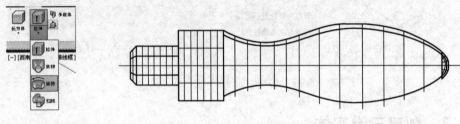

图 13-6　旋转　　　　　　　　　　　图 13-7　手柄实体

3）改变视点及视觉样式。选择【视图】→【西南等轴测】，选择【视图】→【视觉样式】→【真实】，结果如图 13-5b 所示。

13.2.2　创建复杂三维实体

本小节将创建如图 13-8 所示支座的三维实体。绘制步骤如下：

1）创建底座的长方体（尺寸为 44mm×50mm×9mm）。

单击功能区中【建模】→【长方体】命令，AutoCAD 2012 提示如下：

指定第一个角点或 ［中心（C）］：（在绘图区中恰当位置确定一点）

指定其他角点或 ［立方体（C）→长度（L）］：44，50，9

选择【东北等轴测】，结果如图 13-9 所示。

2）新建 UCS。选择【坐标】→【新建 UCS】→【原点】，AutoCAD 2012 提示如下：

指定新原点 ＜0，0，0＞：

在该提示下，在图 13-9 所示长方体中，捕捉位于右上侧棱边的中点，结果如图 13-10 所示。

3）创建圆柱体。单击功能区中【建模】→【圆柱体】，AutoCAD 2012 提示如下：

指定底面的中心点或 ［三点（3P）→两点（2P）→切点、切点、半径（T）→椭圆（E）］：34，14.5，0

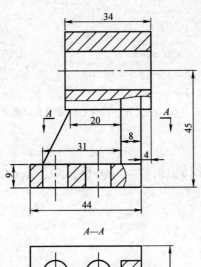

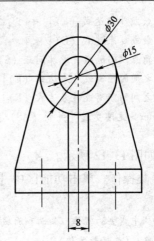

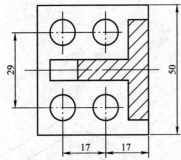

图 13-8　零件图

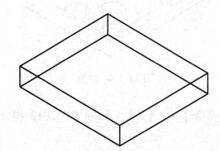

图 13-9　长方体

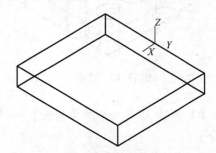

图 13-10　新建 UCS

指定底面半径或［直径（D）］：5

指定高度或［两点(2P)→轴端点（A）］<9.0000>：-12

结果如图 13-11 所示。

4）矩形阵列。选择【修改】→【阵列】

，AutoCAD 2012 提示如下：

为项目数指定对角点或［基点（B）/角度（A）/计

数（C）］<计数>：c

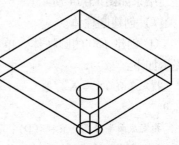

图 13-11　创建圆柱体

输入行数或 ［表达式 (E)］ <4 > ：2

输入列数或 ［表达式 (E)］ <4 > ：2

指定对角点以间隔项目或 ［间距 (S)］ <间距 > ：s

指定行之间的距离或 ［表达式 (E)］ <15 > ：−29

指定列之间的距离或 ［表达式 (E)］ <15 > ：−17

按 <Enter >键接受或 ［关联 (AS)／基点 (B)／行 (R)／列 (C)／层 (L)／退出 (X)］ <退出 > ：

结果如图 13-12 所示。

5）差集操作。单击功能区中【实体编辑】→【差集】⊚，AutoCAD 2012 提示如下：

选择要从中减去的实体、曲面和面域…

选择对象：（选择长方体）

选择对象：（确定）

选择要减去的实体、曲面和面域…

选择对象：（选择四圆柱）

选择对象：（确定）

结果如图 13-13 所示。

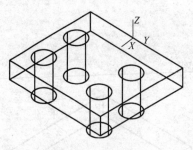

图 13-12　阵列

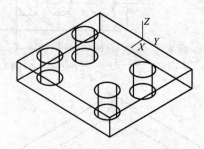

图 13-13　差集

6）新建 UCS。选择【坐标】→【新建 UCS】→【Y】，AutoCAD 2012 提示如下：

指定绕 Y 轴的旋转角度 <90 > ：−90 （确定）

结果如图 13-14 所示。

7）创建圆柱体。

① 创建 ϕ30 的圆柱体。单击功能区中【建模】→【圆柱体】，AutoCAD 2012 提示如下：

指定底面的中心点或 ［三点 (3P)／两点 (2P)／切点、切点、半径 (T)／椭圆 (E)］：36, 0, 0

指定底面半径或 ［直径 (D)］ <5.0000 > ：15

指定高度或 ［两点 (2P)／轴端点 (A)］ < −12.0000 > ：−34

② 创建 φ15 的圆柱体。单击功能区中【建模】→【圆柱体】，AutoCAD 2012 提示如下：

指定底面的中心点或 [三点 (3P) →两点 (2P) →切点、切点、半径 (T) →椭圆 (E)]: 36, 0, 0

指定底面半径或 [直径 (D)] < 15.0000 >: 7.5

指定高度或 [两点 (2P) →轴端点 (A)] < -34.0000 >: -34

结果如图 13-15 所示。

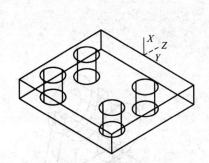

图 13-14 新建 UCS

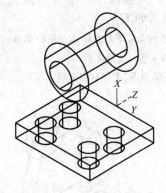

图 13-15 创建圆柱体

8) 绘制封闭线。绘制封闭线如图 13-16 所示，粗线表示封闭线段。绘图方法：分别从基座长方体的两角点向圆绘制切线，再用直线连接切线的对应端点，然后用 PEDIT 命令将四条线合并成一条多段线。

9) 移动圆柱体。选择【修改】→【移动】命令，AutoCAD 2012 提示如下：

选择对象: (选择 φ15 和 φ30 的两个圆柱体)

选择对象: (确定)

指定基点或 [位移 (D)] <位移>: 0, 0, 0

指定第二个点或 <使用第一个点作为位移 >: 0, 0, 4

结果如图 13-17 所示。

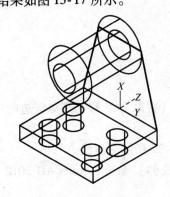

图 13-16 绘制封闭线

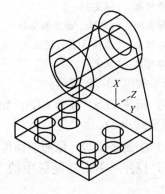

图 13-17 移动圆柱体

10）拉伸。单击功能区中的【建模】→【拉伸】，AutoCAD 2012 提示如下：

选择要拉伸的对象或［模式（MO）］：（选择多段线）

选择要拉伸的对象或［模式（MO）］：（确定）

指定拉伸的高度或［方向（D）→路径（P）→倾斜角（T）→表达式（E）］＜－34.0000＞：

－8

结果如图 13-18 所示。

11）并集操作。单击功能区中的【实体编辑】→【并集】命令，AutoCAD 2012 提示如下：

选择对象：（大圆柱体，拉伸实体，底座）

选择对象：（确定）

结果如图 13-19 所示。

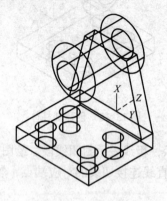

图 13-18　拉伸结果

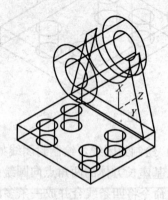

图 13-19　并集结果

12）差集操作。单击功能区中的【实体编辑】→【差集】命令，AutoCAD 2012 提示如下：

选择要从中减去的实体、曲面和面域…：

选择对象：（选择全部实体）

选择对象：（确定）

选择要减去的实体、曲面和面域…

选择对象：（选择 φ15 的圆柱体）

选择对象：（确定）

结果如图 13-20 所示。

13）新建 UCS。新建 UCS，如图 13-21 所示（将原 UCS 移动到对应边的中点，绕 X 周旋转 90°）。

14）绘制多段线。依照前面所述绘制如图 13-22 所示多段线。

15）拉伸。单击功能区中的【建模】→【拉伸】命令，AutoCAD 2012 提示如下：

选择要拉伸的对象或［模式（MO）］：（选择上一步中的多段线）

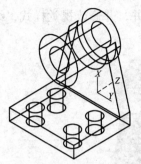

图 13-20 差集结果

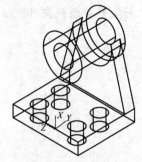

图 13-21 新建 UCS

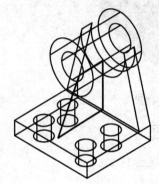

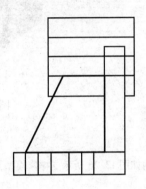

图 13-22 多段线

选择要拉伸的对象或［模式（MO）］：（确定）

指定拉伸的高度或［方向（D）→路径（P）→倾斜角（T）→表达式（E）］：8

结果如图 13-23 所示。

16）移动。单击功能区中的【修改】→【移动】命令，AutoCAD 2012 提示如下：

选择对象：（上一步中的拉伸实体）

指定基点或［位移（D）］＜位移＞： 0，0，0

指定第二个点或＜使用第一个点作为位移＞：0，0，-4

结果如图 13-24 所示。

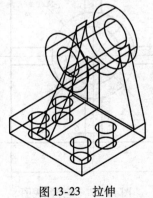

图 13-23 拉伸

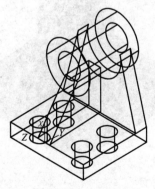

图 13-24 移动

17）并集并修改视觉样式。将剩余两实体合并，并修改视觉样式，结果如图 13-25 所示。

图 13-25　最终结果

习　题

1. 绘制如图 13-26 所示支撑座模型，具体尺寸参见图 13-27。

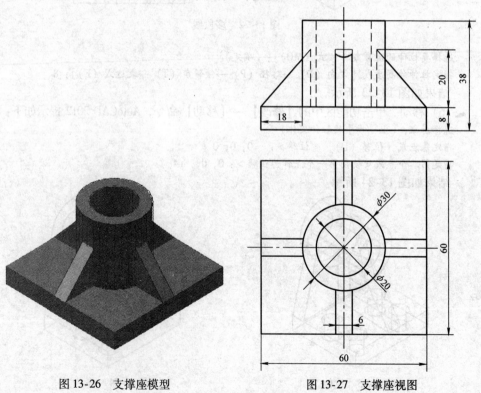

图 13-26　支撑座模型　　　　　　图 13-27　支撑座视图

2. 绘制如图 13-28 所示模型，具体尺寸参见图 13-29。

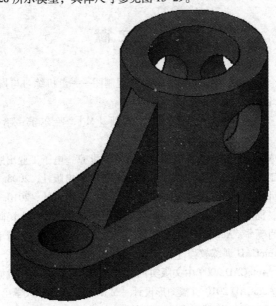

图 13-28　模型

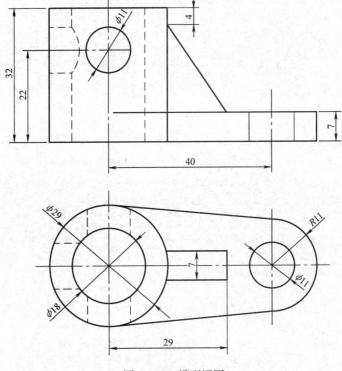

图 13-29　模型视图

参 考 文 献

[1] 崔晓利, 杨海如, 贾立红. 中文版 AutoCAD 工程制图——上机练习与指导 (2010 版) [M]. 北京: 清华大学出版社, 2009.

[2] 李平, 张德生. 机械 AutoCAD 2009 设计基础 [M]. 哈尔滨: 哈尔滨工业大学出版社, 2010.

[3] 卓越科技. AutoCAD 2008 机械绘图融会贯通 [M]. 北京: 电子工业出版社, 2009.

[4] 宗士增, 黄玲. 工程图形学 [M]. 北京: 北京理工大学出版社, 2008.

[5] 黄玲, 吴粉祥, 邱明. 工程制图 [M]. 北京: 电子工业出版社, 2010.

[6] 林党养, 吴育钊, 周冬妮. AutoCAD 2008 机械绘图 [M]. 北京: 人民邮电出版社, 2009.

[7] 王琳, 陈雪江, 肖新华. AutoCAD 2008 机械图形设计 [M]. 北京: 清华大学出版社, 2007.

[8] 车林仙, 李洁. AutoCAD 训练教程 [M]. 北京: 北京理工大学出版社, 2008.

[9] 三维书屋工作室. AutoCAD 2009 中文版实例解析教程 [M]. 北京: 机械工业出版社, 2009.

[10] 张晓峰, 常玮. AutoCAD 2010 机械图形设计 [M]. 北京: 清华大学出版社, 2009.

[11] 互动空间. AutoCAD 2007 机械图形设计艺术 [M]. 北京: 电子工业出版社, 2008.